MIMANGSHI
MAOXIANZHIYINNI

人生要不是大胆地冒险，
便是一无所获。

晨 天 编著

迷茫时，
冒险指引你

人生要不是大胆地冒险，便是一无所获。
万无一失意味着止步不前，那才是最大的危险。
为了避险，才去冒险，避平庸无奇的险，值得。
整个生命就是一场冒险。走得最远的人，
常是愿意去做，并愿意去冒险的人。

像一支和顽强的崖口进行搏斗的狂奔的激流，
你应该不顾一切纵身跳进那陌生的，不可知的命运，
然后，以大无畏的英勇把它完全征服，不管有多少
困难向你挑衅。

汕頭大學出版社

图书在版编目（CIP）数据

迷茫时，冒险指引你 / 晨天编著. -- 汕头：汕头大学出版社，2016.12
ISBN 978-7-5658-2805-8

Ⅰ. ①迷… Ⅱ. ①晨… Ⅲ. ①成功心理—通俗读物 Ⅳ. ①B848.4-49

中国版本图书馆CIP数据核字（2016）第307986号

| 迷茫时，冒险指引你 | MIMANGSHIMAOXIANZHIYINNI |

编　　著：晨　天
责任编辑：邹　峰
责任技编：黄东生
封面设计：浩晨·天宇
出版发行：汕头大学出版社
　　　　　广东省汕头市大学路243号汕头大学校园内　邮政编码：515063
电　　话：0754-82904613
印　　刷：永清县晔盛亚胶印有限公司
开　　本：720mm×1000mm　1/16
印　　张：15
字　　数：200千字
版　　次：2016年12月第1版
印　　次：2017年1月第1次印刷
定　　价：36.80元
ISBN 978-7-5658-2805-8

发行/广州发行中心　通讯邮购地址/广州市越秀区水荫路56号3栋9A室
邮政编码/510075　电话/020-37613848　传真/020-37637050

版权所有，翻版必究
如发现印装质量问题，请与承印厂联系退换

前 言

机会从不等人，总是转瞬即逝，在面对突如其来的机会时，即便那些事先已经准备充足的人，他们也会产生一些迟疑不决，他们会问自己，机会真的会降临到自己的头上吗？可能正是因为这种原因让机会溜走。

当然了，很多人都会担心失败，所以他们找出很多理由去说服自己，从而不去冒险，但是当别人成功后，他们又开始了后悔与抱怨。

我们任何一个人天生就具备冒险精神，只是随着年龄的增长，生活经历的增多，人们天生的冒险精神就慢慢地被埋没了，遇事后总是顾首顾尾，不敢放手一搏。

其实，每件事情的成功与失败，总是在于执行此事情的人，是否具备了应有的能力。每件事情都有会导致失败的风险，但是，你有能力把这些风险化险为夷，那么，你因此而获取的就远远超出风险。

如果你们仔细想想，一件事情中所谓的风险，不过是说明这件事比一般的事情困难，做这件事情的不确定因素较多，并不是不能完成这事情。这时，如果你鼓起勇气将其承担，往往可以激发出你更多的潜能去完成这件具备大风险的任务。

所以说，很多时候，冒险的人总是能抓住机会，并且成功的人。

当然，冒险并不是意气用事，也非蛮干，而是有准备的冒险，为此，你应该具备：

迷茫时，冒险指引你

一、认识自己，并有明确的目标

没有明确的目标，你一切的行动就没有任何意义，这种时候的冒险只能是无所收获。

二、强大的自信

没有强大的自信，那么你对着冒险承担下来的事情，很可能被那些困难吓倒，这样，你的冒险之路也将因为你的不自信而难以成功。

三、立即行动的动力

任何时候行动都是成功的关键，你有了明确的目标，冒险的思想，就必须行动起来，否则，一切都只能是空谈。

四、面对失败的勇气

既然是冒险，那么，失败是在所难免的，如果你没有做好面对失败的准备，连一点承担失败的勇气都没有，那么你永远都不可能成功。记得这样的一句话：不经历风雨，怎能见彩虹。

五、打破现有思维的观念

以往的思维惯性有时会成为人们思想上的障碍，当你面对冒险中的困难时，以前的方法不能解决问题，不妨打破现有的思维定势，让其不被束缚。

六、负责的态度

任何时候，都应该拥有负责的态度，因为负责的态度可以监督你去完成任务，在遇到困难时，负责的态度也能让你一次次地对困难进行冲击，去打败困难。

当你具备了这些品质之后，就可以真正地踏上冒险之路。同时，带上这本书，因为书中有你需要的一些成功案例和方法。

目　录

第一章　冒险中寻找成功的机遇

> 在追求成功的道路上，犹豫不决的态度只能让人错失机会，最后只能像一个旁观者，眼热别人所取得的成就，心里还有无穷的后悔。这是一个不容忽视的事实，那么，如何改变这种事情的再次发生呢？只有以一种勇敢的态度去面对生活、把握机会，才有可能获得成功，不然，只能是一无是处。

- 在冒险中寻找成功的机会 …………………………3
- 冒险才有机遇 ………………………………………6
- 风险越大，机遇越大 ………………………………10
- 勇气铸就成功 ………………………………………14
- 输得起才赢得起 ……………………………………18
- 善用你的野心 ………………………………………20
- 战胜自己 ……………………………………………23
- 背水一战 ……………………………………………27

第二章　认识自己

> 不清楚地认识自己，对自己的能力性格作出一个合理的定位，很容易造成一些损失或者失败。每个人对自己都要有一个基本的认识，这是必须的，只有对自己有了一定的认识，才能更客观地看待自己的能力、性格。

- ■ 了解自己 …………………………………… 36
- ■ 我是最好的 ………………………………… 40
- ■ 改正自身缺点 ……………………………… 44
- ■ 相信自己 …………………………………… 47
- ■ 欣赏自己 …………………………………… 51
- ■ 挖崛自己的潜能 …………………………… 54
- ■ 唤醒心中的巨人 …………………………… 57
- ■ 要有拼博精神 ……………………………… 60
- ■ 培养积极心态 ……………………………… 65

第三章　选对你的目标

> 目标是修建成功大厦的蓝图，目标不仅仅是追求的结果，而且在整个人生的旅途中都起着十分重要的作用，目标是成功之路的里程碑，它所起的作用是十分积极的。目标是自己努力的依据，还是不断进取的鞭策。

目 录

- 给自己定位 …………………………… 74
- 目标是动力的源泉 …………………… 78
- 制定明确的计划 ……………………… 80
- 细化目标 ……………………………… 85
- 坚定你的方向 ………………………… 89
- 不断尝试，不断完善 ………………… 91
- 目标引导潜能的发挥 ………………… 93
- 专注做一件事情 ……………………… 96

第四章 信念是冒险的资本

> 什么样的信念决定什么样的人生。这句话并不是危言耸听，只是通过它来传递一种希望。希望那些失败的人、正在奋斗的人、想获取大事业的人能够更好地在社会中肯定自己，让自己在精神上立于不败之地。

- 无穷的信念力量 ……………………… 103
- 自信是心中的明灯 …………………… 106
- 用信念战胜恐惧 ……………………… 112
- 坚信办不到 …………………………… 114
- 信念是目标成功的内驱力 …………… 117
- 给希望一对翅膀 ……………………… 120
- 信念让我们战胜挫折 ………………… 123

- 信念让你拥有力量 …………… 126
- 信念是生命延续的希望 ………… 129

第五章　冒险需要行动

> 人生犹如一条隔着的两岸，现实是此岸，理想是彼岸，中间隔着湍急的河流，行动则是架在河流上的桥梁。要想有所获取就记住这句话：行动才有收获。

- 立即行动 ………………………… 135
- 思想需要实际行动 ……………… 138
- 别让拖延毁了你 ………………… 141
- 做行动上的巨人 ………………… 144
- 行动领先 ………………………… 148
- 自动自发 ………………………… 150
- 不要让生命等待 ………………… 153
- 行动才能收获成功 ……………… 156
- 天下没有免费的午餐 …………… 159

目 录

第六章　责任是冒险的重点

> 人的一生，有很多的责任需要承担：对自己、对家庭、对社会。可以说，责任无时无刻都伴随着我们，一个人只要是活着，就不可能脱离责任而存活，它是我们应该而且必须要做的事情，它伴随着每一个生命的开始和终结。

- 培养责任感 ······ 165
- 责任是与生俱来的使命 ······ 168
- 承担责任 ······ 171
- 不要逃避 ······ 175
- 对工作负责是应尽的责任 ······ 178
- 借口是成功的绊脚石 ······ 180
- 把事情做到最好 ······ 184
- 勤奋可以创造一切 ······ 187

第七章　打破现有思维

> 世界上的任何事物都是不断变化着，没有一成不变的，尤其在这个激烈的竞争环境中，变化更是日新月异，因此，想要有所发展就要打破现有思维，勇于创新

- 唯有创新 ······ 193
- 打破现有的思维 ······ 196

- 创新才有竞争 …………………………… 199
- 独到的眼力 ……………………………… 202
- 有创新，才能成功强者 ………………… 205
- 仿也是一种创新能力 …………………… 208

第八章　善于抓住表现的机会

> 机会随时存在于我们的周边，我们也可以为自己去创造机会，只是看你如何去把握这些机会罢了。机会就像自然界的力量一样，永无休止地在为人类、在为社会服务着。

- 机会掌握在自己手中 …………………… 213
- 高调做事，表现自己 …………………… 217
- 不放过表现的时机 ……………………… 220
- 机遇是成功的关键 ……………………… 223
- 敢于表现自己，才有更多机会 ………… 227

第一章

冒险中寻找成功的机遇

在追求成功的道路上,犹豫不决的态度只能让人错失机会,最后只能像一个旁观者,眼热别人所取得的成就,心里还有无穷的后悔。这是一个不容忽视的事实,那么,如何改变这种事情的再次发生呢?只有以一种勇敢的态度去面对生活、把握机会,才有可能获得成功,不然,只能是一无是处。

第一章
冒险中寻找成功的机遇

■ 在冒险中寻找成功的机会

在追求成功的道路上，犹豫不决的态度只能让人错失机会，最后只能像一个旁观者，眼热别人所取得的成就，心里还有无穷的后悔。这是一个不容忽视的事实，那么，如何改变这种事情的再次发生呢？只有以一种勇敢的态度去面对生活、把握机会，才有可能获得成功，不然，只能是一无是处。

摩根的成功，完全取决于他年轻时两次带有冒险性质的大胆尝试，可以说，若没有这两次大胆的尝试，他也就不可能成为美国19世纪70年代至20世纪叱咤风云的大金融家、国际金融界"领导中的领导者"了。

摩根大学毕业之后，就到了邓肯商行工作。在这里，他不仅学到了很多做生意的经验，还赚取了自己人生的第一桶金。一次，他从古巴的首都哈瓦那采购货物归来，在新奥尔良码头上遇到一个陌生人。这个人是一艘巴西货船的船长，刚刚为一位美国商人运来一船咖啡，谁知一抵达码头，就听说那位美国商人已经破产了。没有办法，他只好寻找新的买主了。他对摩根说，希望他能帮忙给他介绍几个买主，他情愿半价出售，但必须现金交易。摩根跟巴西船长一道看了咖啡，成色很好。他想，如果自己能买下来，将是一笔不错的买卖。于是，他便毫不犹豫地决定以邓肯商行的名义买下这船咖啡。但是，当他怀着兴奋的心情给邓肯发去电报后，得到的回答却是："不准擅用公司名

迷茫时，冒险指引你

义，立即撤销交易！"可这确实是一笔不错的买卖，摩根实在不想就这么轻易放弃了。万般无奈之下，他只好打电话给他的父亲，希望能够得到帮助。他的父亲同意他做这笔买卖，还用自己在伦敦公司的户头偿还了他挪用邓肯商行的欠款。有了父亲的支持，摩根大为振奋，准备大干一番。后来，在巴西船长的引荐之下，他又买下了其他船上的咖啡。

当时，很多人都说他是在冒险，甚至一些经常做咖啡生意的大老板也讥笑他不自量力。的确，初出茅庐的摩根做下如此一桩大买卖，不能不说承担了太大的风险。可是摩根却认为，风险固然是有的，但也并不是没有成功的机会。事实确实也如他所认为的那样，就在买下这批咖啡不久，巴西便出现了严寒天气，咖啡大量减产，于是价格也随之暴涨，而摩根因此大赚了一笔。

戴尔·卡耐基说："要冒一次险，大胆地去尝试！人生原本就是一次冒险。走得最远的人，常是愿意去做，并愿意去冒险的人。'稳妥'之船，从未能从岸边走远。"在机会到来的时候，总有太多的人出于稳妥考虑，不敢轻易去尝试，致使机会从身边白白地溜走。其实，人世间原本就没有万无一失的事，就像船一样，只要在大海里航行，就一定会碰到风浪，除非一直停靠在港口里。在现今这个竞争愈加激烈的职场里，要想有所作为，要想超越别人，就一定要有勇于尝试、敢于冒险的精神。具有这种精神的人，往往勇于开拓新的领域，尝试新的事物，虽然也知道会有失败的风险，但他们更看重的是其中包含的成功的机遇；而不具备这种精神的人，面对未曾涉足的领域和新鲜事物总会显得畏首畏尾，害怕失败，害怕承担风险，更看不到一点成功的可能。

第一章
冒险中寻找成功的机遇

一个具有勇于尝试、敢于冒险精神的人，也是一个敢于独自面对严峻形势的人，为了最终目标的实现，他们也敢于承受常人难以承受的挫折和打击。也正是因此，最后才使得他们获得了常人难以取得的功绩，尤其是他们在逆境中顽强拼搏的精神，更被众多人所羡慕和推崇。

这就是成功者的秘诀。他们在衣食住行方面或许跟大多数人一样，曾经他们也是普通人中的一员，可就是因为他们在机会面前勇于尝试、敢于冒险，最终脱颖而出。

多年以前，还是俄亥俄州一家报纸专栏作家的露丝·马肯尼，决定和妹妹一起到曼哈顿开创属于她们的事业。之后，她写了一系列关于姐妹俩在曼哈顿艰苦创业的短篇文章，并被改编成一出名为《奇妙的城镇》的音乐剧。

这出音乐剧很被一个名叫莫瑞儿·西伯特的女孩所喜爱，不只是里面优美的音乐旋律让她难忘，而是因为它也唱出了她的奋斗历程。和剧中的露丝一样，年轻的她也为了理想而离开了俄亥俄州，而且，当时她只有一辆破烂不堪的老爷车和牛仔裤里仅有的500美元。这样的境遇对于她来说，无疑是一种冒险，但她的人生却也因此翻开了崭新的一页。

在莫瑞儿·西伯特的职业生涯中，很多次的成功都得益于她所具备的勇于尝试、敢于冒险的精神，最成功的一次冒险，莫过于她创立了自己的事业。这项事业就是今天位于纽约市的莫瑞儿·西伯特公司，全美最成功的经纪公司之一。

迷茫时，冒险指引你

■ 冒险才有机遇

　　每个人，都会遇到生命中的难关。在别人感到无能为力甚至绝望的时候，你是否仍然能够不让自己放弃，有勇气让自己冒险试一试呢？我们每个人都遇到过不能解决的困难，这时候就要求我们拿出勇气来尝试一下。其实，只要你有决心、有勇气，那么，所有的问题便都有解决的可能性。

　　无论是在生活中，还是在其他的方面，我们都需要有一定的冒险精神。克劳塞维茨说过："在战争中不冒险将一事无成。"比尔·盖茨也认为，在经营管理的环境中，"战略"几乎成为"冒险"的同义词。冒险，是一种勇气，可以带领我们走出困境。特别是当我们处于一个不确定的环境中的时候，人的冒险精神就更加成为一种稀缺的资源。因为此时，我们的信息还不完善，周围的情况还不确定，而我们也无法做出百分之百的判断。但是，此时如果你要摆脱困境，就必须有一点冒险精神。当然，只要是冒险，那么就会存在着很大的失败的可能性，也就意味着你将会付出严重的损失或者沉重的代价。所以，一般人没有勇气去冒险，但结果也只能使自己被困死在原地。

　　冒险不是蛮干，他是我们根据现有的情况所做出的一种超前的判断，有一定的科学根据。如果你不顾实际，异想天开，那么无论你多有勇气，到头来也只能是失败。

　　在美国经济大萧条时，有一位失意的画家，他的画画得非常好——而且特别精于一种木炭画，但却没有受到别人的赏识。而且，

第一章
冒险中寻找成功的机遇

当时的人们填饱自己的肚子都是个问题，所以谁还会花钱去买画呢？当时，他的经济已经陷入了困境，更不幸的是，母亲又患了重病，这让他的生活更加雪上加霜。前几天，又收到医院的通知，告诉他必须交齐费用，然后才可以给他的母亲做手术。这更让他感到无计可施，一个人抱着头呆呆地坐在那里发愣。

这时，旁边的一本书不小心滑落下来，他愣了一会儿，然后走了过去，伸手把它捡了起来。那本书是本画册，他随手翻了一下，发现其中一页有一个人的正面肖像。他认识这个人，这人是一家媒体的总裁。为了排遣忧愁，他又坐在那里用心地画了起来。等他画完之后，拿起来仔细端详，对自己的作品感到很满意。这时，他的脑海里出现一个想法：为什么不把这幅画卖给他本人呢？要知道他可是不会吝惜这点钱的。而这笔钱对他来说却可以救命了。他觉得这个想法很可行，但是，自己要如何才能交给他呢？写信要求直接与本人见面？不可能。像他那样的大人物是不会接见像自己这样的人的。找人引荐？也不可能。他在商界根本没有什么朋友。看来就只有一个办法了。

他用自己的积蓄买了一个很不错的像框，然后把画像搁在里面。仔细看了看，感觉还不错。然后又拿出一身还算体面的西装，把自己精心打扮了一番之后便出门了。他知道这样做有点冒险，但还是决定要试一试。

他径直来到总裁办公的地方。门外坐着漂亮而又文雅的秘书小姐。他知道要见总裁，先得过这一关。他告诉秘书小姐自己的要求，但秘书告诉他如果事先没有约好的话想见总裁不太可能。

"真糟糕！"年轻的画家说，"其实我只是想把这个拿给他看看。"

迷茫时，冒险指引你

秘书接过去看了一下，犹豫了一会儿，然后对他说："请稍等一下，我马上就回来。"

不一会儿，秘书从总裁的办公室里走了出来，说总裁想见他。

当这个画家进门的时候，发现总裁正在仔细地欣赏他的那幅画。见他进来，稍稍抬了抬头，"你画得不错，请告诉我这幅画值多少钱？"

年轻人稍稍松了口气，告诉他300美元，结果他们很快就成交了。要知道，在那个经济萧条的年代，这笔钱可不是个小数目。拿到了这笔钱，年轻的画家及时地把母亲送进了医院。不久，他又接到了那个秘书打来的电话，告诉他总裁决定让他到自己的漫画部去上班。

一个大胆的举措，不仅救了他的母亲，而且还让他得到了一份工作。

这就是冒险的好处。因为别人都不去做，所以你成功的机会就会大大增加。它不仅可以让你更快地摆脱困境，还可能让你得到很好的机会。所以，一般成功都属于那些敢于冒险的人。但是，冒险并不等于横冲直撞，而是有原则的：

首先，你的行动是经过你仔细推断的，是你根据所收集到的信息，以及一定的逻辑分析而得出的正确结论。当然，这样做有一定的风险，如果你判断失误，那么可能就会让自己一无所有。而如果成功的话，你将很快摆脱困境。这时，你就应该冒险试一试。只有这样，你才有可能取得突破，否则就只能在那里束手待毙。

其次，在你进行的过程当中，可能会"险象环生"。这时，要以失败为师，不断地尝试，不要轻易放弃。不然，可能你就会与成功失之交臂了。

再次，只要一有机会就让自己牢牢抓住，不要因为一时的疏忽和

第一章
冒险中寻找成功的机遇

大意而让机会在眼前溜走。在面对困难时要积极主动，而不是消极地让自己去被动地挨打。

迷茫时，冒险指引你

■ 风险越大，机遇越大

在生活中我们经常能看到这样一些人，他们总是在机遇溜走之后，才扼腕顿足；总是在别人获得成功之后，才后悔不迭，埋怨自己当初怎么就不敢冒那么一点风险，要不然今天成功的人就会是自己。

虽然很多人整天想的也是好好把握机会，可当机会真的到来的时候，他们往往又会被机会表面所显现出来的风险吓退。世界上的事就是这样，有利的一面必然有弊的一面，有所得必有所失。机遇与风险是并存的，要想把握住机遇获得成功，就必然要承担一定的风险；若不想承担风险，成功也就不要再奢望了。

也许谁都没有想到美国的石油大亨约翰·洛克菲勒只读完高中二年级，便中途辍学了。那时他只有 16 岁。初涉社会的他，为了能找到一份赚钱的工作，不得不又去读了3个月商业专科学校的短期职业培训。培训结束后，他便来到了纽约，一家公司一家公司地去敲门，问是否有适合自己的工作。就这样，在经过了无数次的拒绝之后，终于有一家名叫休万—泰得的货运中介公司给了他一份工作，职务是会计助理员。对于这份来之不易的工作，他很珍惜，工作起来也很努力，虽然是新职员，却事事处处显得有条不紊、沉稳老练，好像他天生就是一块经商的材料。

对于一般人来说，每天待在一间屋子里，面对着那些枯燥无聊的数字和账目，会觉得很乏味，可洛克菲勒却不这样认为，他把这当成

第一章
冒险中寻找成功的机遇

学习怎样做生意的最好机会。在这里，他经常能听到休万和泰得这两位公司经理交谈或者商量有关公司财务方面的问题，这些可都属于公司的商业秘密。

工作的时候，洛克菲勒总是保持着严谨认真的态度。例如，一次公司以高价买来一批进口的大理石，谁知大理石有瑕疵，为此他便一家一家地去找运输公司索赔。泰得和休万很欣赏他的办事能力，为了以示奖励，把他的月薪加到了25美元。第二年又把他的年薪调到500美元。又过了不久，泰得退休了，休万更加器重洛克菲勒，除了让他负责公司的会计工作，还让他负责公司与船运公司和铁路公司的公关外交，他也因此成为了休万最得力的助手。

洛克菲勒在这家公司里一共干了近4年时间，在做好本职工作的同时，他也十分重视收集和分析商业信息。在第三年年初，他瞅准了一个机会，便在没有得到休万的许可下，以公司的名义收购小麦和火腿。这件事被休万知道后，非常生气，埋怨他道："你怎么可以不经过我的同意，就擅自收购小麦和火腿？你知道，我们公司是以提供中介服务收取佣金的，怎么可以做粮食和食品生意呢？"

对此，洛克菲勒反驳道："休万先生，你也许还不知道，英国不久就要发生大饥荒了，这是经过我对最近的新闻报道认真分析和研究后得出的结论。因此，我们现在的当务之急就是抓住这一有利时机，收购大量的小麦和火腿，然后集中运到纽约再出口英国，到时一定可以赚大钱的。"休万虽然不是很相信他的话，但还是默许了他的做法。不久，果然如洛克菲勒所预料的那样，英国发生了大饥荒，需要进口大量的食品。于是，休万公司便把囤积的货物趁机向欧洲出口，并从中获得了巨额的利润。虽然在这笔生意中洛克菲勒得到的报酬有

迷茫时，冒险指引你

限，但这对他甚至以后的人生来说，都起着非同寻常的作用。由此，他认识到了自己真正的价值在哪里了。

没过多长时间，洛克菲勒要求休万给自己加薪，但休万却一副难于从命的样子，说："从来没有人拿过这么高的薪金，我不能开这个先例。"其实，休万会这样说洛克菲勒早预料到了，于是他毅然辞了职，决定自己去闯一闯。而这时，他还未满20岁。

辞职之后，他和一个叫克拉克的人合伙开办了一家谷物和牧草经纪公司。谁知刚开业不久，就遇上了麻烦。这年美国中西部地区的农业遭受了严重的霜害，农作物几乎颗粒无收，于是农民们便要求用来年的谷物作抵押要他们预付订金。听说要先预付订金，克拉克马上便像泄了气的皮球没有丝毫的办法可想了，因为公司只有区区4000元的资本，预付定金显然是不可能的！也正是因此，许多经纪商纷纷倒闭破产。面对这样的情况，洛克菲勒没有像克拉克那样惊慌失措，而是在冷静分析之后，去找他在教会认识的朋友——一家银行的总裁请求贷款。这场危机就这样度过了。经过一年的苦心经营，公司的营业额达到45万元，偿还完货款之后，还有4000元的纯利润。这在当时可不是一笔小数目。

一天，他听一位议员说美国马上就要爆发南北战争了，许多年轻人纷纷去参军，而洛克菲勒却并不想这样去做，他要乘这个机会赚更多的钱。回到公司之后，他说服了克拉克，向银行贷了一大笔款子，大量收购谷类、种子、食盐和火腿。

果然没过多久，南北战争爆发了。由于洛克菲勒执行了"战前贱价购进，战时和战后高价售出"的经营策略，而且当时欧洲恰巧发生了大规模的寒灾，农副产品的价格涨了好几倍。于是，洛克菲勒和克拉克大发战争横财，一举成了腰缠万贯的大商人。

　　回顾约翰·洛克菲勒的成功经历，我们不难发现，他之所以能够从一个小会计成为腰缠万贯的富翁，并最后成为美国的石油大王，虽然离不开他的努力和认真，但最终成就他的是一次次的大胆冒险。确实也是这样，在风险的背后，往往潜藏着机遇，而且是风险越大，机遇也就越大。就像战争能使无数的人流离失所，也能使洛克菲勒成为百万富翁一样。

迷茫时，冒险指引你

■ 勇气铸就成功

很多人把人生比作一场战斗，诚然，我们的人生中虽然看不到硝烟，听不到枪炮的声音，但其残酷性却并不亚于一场真正的战斗，因此，也只有勇敢的人，才能赢得这场战斗的胜利。其实，人本来就需要以极大的勇气去面对那些高山般难以逾越的困难和挫折，去面对那些不期而来的变故和遭遇，因为生命原本就是一种大胆的冒险，只有不向生活投降，以自己的智慧和勇气克服遇到的一切困难，不被挫折击垮，以一种无比坚强的斗志去迎接挑战，才能取得成功。若没有这样的一种勇气，那就只能是一无是处。

也许，当困难来到的时候，选择逃避比选择勇敢面对似乎更加容易，因为那不需要费任何力气。这也是为什么很多人会做出这种选择的原因。可是他们却忘记了，这样的选择反而会让自己备受心灵的煎熬。因为逃避确实不会损失什么，可同样也不会得到什么。若一个人的一生中既没有失去什么，也没有得到什么，难道不正是人生的最大悲哀吗？因此，要想有得到，就必须有付出牺牲的勇气。不一样的选择，就会有不一样的人生。纵观历史上那些登上成功之巅的人，也没有一个不是伤痕累累的。

丘吉尔是英国的首相，他的名字几乎尽人皆知。因为"二战"期间，他不畏德国法西斯，知难而上，不仅渡过了难关，而且最终赢得了战争的胜利。

第一章

冒险中寻找成功的机遇

"二战"时期,丘吉尔临危受命,担负起了领导英国人民抗击法西斯的重任。当时德国已经占领了法国,英国处于孤立无援的境地。而当时德国的武器非常先进,但曾经自称"日不落帝国"的英国的武器装备却严重不足,能够对付纳粹进攻的各种野战炮总共不到500门,而且英伦三岛除了步枪之外,几乎没有别的先进武器。希特勒认为对付英国已是"稳操胜券",甚至认为丘吉尔会临阵脱逃。但丘吉尔不但没有逃避,反而以极其强硬的态度带领英国人民共同抗战。

当时的德国强大得令所有的人都感到害怕,丘吉尔当时的压力也就可想而知了。德军派出了大量战机对英伦三岛进行狂轰滥炸,英国的经济和人民的生命财产安全受到了严重的威胁。但是,英国人民却在丘吉尔的带领下表现出了誓死保卫祖国的坚定信念。整个战争期间,丘吉尔都是在一座楼房下面的作战指挥室里度过的。他经常到战场视察,这大大地鼓舞了士兵和人民的勇气。

可即便这样,仅靠英国的力量是不可能战胜法西斯德国的,他们只能联合其他的国家共同作战。而当时可以和他们结成联盟的只有前苏联和美国,但德苏之间已经签订了《互不侵犯条约》,所以,能够跟他们合作的,便只有美国了。丘吉尔说服了罗斯福总统,争取到了美国的援助。两国结盟后,反法西斯阵容得到了空前的加强,大大地鼓舞了世界各国人民的士气。

第二次世界大战期间,特别是英军孤军奋战的那些日子里,丘吉尔表现出了非凡的勇气。艰苦的环境能考验人、锻炼人,也最能说明一个人的才干。面对德军不可战胜的神话,他没有退缩,而是勇敢地举起了抗战的大旗。在他的带领下,英国人民最终赢得了这场胜利。大战期间,也是丘吉尔最辉煌的时刻,而他那种迎难而上的精神和大

迷茫时，冒险指引你

无畏的勇气，也深深地赢得了英国人民的爱戴与信赖，因此成就了自己的辉煌人生。

艰苦的环境最能磨炼一个人的勇气，也是最能造就一个人的地方。勇气，可以让人们从困境中挣脱出来，成为一个真正的强者。英国思想家培根曾说过这样一句话："如果问人生最重要的才能是什么，那么回答是：第一，无所畏惧；第二，无所畏惧；第三，还是无所畏惧。"

在商界，吴士宏的名字几乎无人不晓，她曾经登上IBM公司总经理的宝座。但是，当初她也只不过是一个平凡得不能再平凡的人。那时她只是一个小护士，后来凭着一台收音机花了一年半时间学完了别人3年才能学完的课程，然后就凭着这些，跑到IBM去应聘了。她也的确是个人才，一路过关斩将，顺利地进入了最后一轮面试。

当时主考官并没有出什么特别刁难人的问题，只是问她会不会打字。当时她根本就不会打字，但是为了得到这来之不易的机会，她随口答一个"会"。

"一分钟可以打多少？"

"您的要求是多少？"

"每分钟120字。"

她环视四周，并没有发现打字机类的东西，于是回答道："没问题。"

出了办公室，她就以最快的速度借钱买了一台打字机，然后没日没夜地练习，最后居然达到了要求。后来，她顺利地通过了最后一轮考试，进入了IBM，从此开始了她的辉煌人生。

事情就是这样，只要你有勇气去面对，那么你就能将它做好。好多事情之所以不能成功,并不是从事者没有能力,而是他们没有拿出足够的勇气。这也正如《成功心理学》的作者沃尔特·彼特金所说的那样:"只要有足够的勇气,成千上万的人就能够两倍、三倍甚至四倍地增加其杰出的才干。可就是由于缺少勇气,大多数人心甘情愿地埋没了自己。"

迷茫时，冒险指引你

■ 输得起才赢得起

一日，一位记者采访美国股票大王贺希哈，问他在这次投资中能赚多少钱？对此，贺希哈微微一笑，对记者说："你不应该问我能赢多少，而应该问我能输得起多少。"诚如其言，在这个世界上，你要想有所得，就必然会有所失，也只有输得起的人，才会不惧怕要承担的风险，才不计较暂时的失利和挫折，也才能赢得最后的胜利。

很多人都把商场比作战场，可是却很少有人认识到：战场上的胜利并不在于一城一地的得失，有时，暂时的放弃是为了得到的更多。这个道理在商场上也同样适用。那些成功的商人，往往不会太在意一两笔生意的成败，因为他们有着更大的目标。他们也深知，自己此时的牺牲，是为了以后更好的发展，这是必须的。因此，即便他们会因此而血本无归，甚至负债累累，也不会丧失勇气，而是从中吸取教训，然后将此作为促使自己继续前进的动力。

开始创业的时候，贺希哈才年仅17岁。不久，他赚到了自己人生中的第一桶金，而同时他也尝到了教训的滋味。那时候，他还是股票市场的一名掮客，身上只有255美元。在不到一年的时间里，他就赚了16.8万美元。有了这些钱之后，他为自己在长岛买了一幢房子，过上了富裕的生活。就在这时，第一次世界大战的休战期来了。面对暂时的和平景象，贺希哈固执地认为这是个难得的机会，置他人的反对于不顾，毅然决然地买下了隆雷卡瓦那钢铁公司，结果却并未像他所

第一章
冒险中寻找成功的机遇

预计的那样,他也一下子赔得只剩下了4000美元。

20岁的时候,贺希哈越来越有钱。于是,他放弃了证券的场外交易,与人合资去做未列入证券交易所买卖的股票生意。一年之后,他开设了一家自己的证券公司。又过了没多久,他成了股票掮客的经纪人,每个月能有20万美元的进账。

1936年是贺希哈最赚钱的一年,却也是最冒险的一年。早在"淘金热"那个年代之前,加拿大安大略省的北方就有一家普莱史顿金矿开采公司成立了。只是在一次火灾中,这家公司的全部设备都被烧毁了,资金出现了短缺,已濒临破产的边缘。这一消息被贺希哈的好朋友道格拉斯·雷德知道了,他立即把这件事告诉了贺希哈,并建议他立即采取行动。贺希哈听从了他的建议,立刻拿出2.5万美元做试采计划。结果果然很不错,还没到两个月就挖出了黄金。就因为这座金矿的顺利开采,每年给贺希哈带来的净利润就有250万美元。

凭着多年的经商经验,贺希哈更明白了这样一条道理:只有输得起的人,才能赢得起,就像要想拿到红利,就必须先拿钱投资一样。古人说欲先取之,必先与之,这话听起来虽然有些功利,但话糙理不糙,想要获得成功,就必须先有所牺牲——牺牲自己的时间、收入、安定的生活、享受等等。

机会是很不容易抓住的,而且即便抓住了机会也并不等于就没有了风险,事实上,风险是无时无刻不存在的。可不能因为害怕风险,我们就不去勇敢地把握并抓住机会,就像每个人都不会因噎废食一样。其实,在追求成功的道路上,失败与成功的概率都是相同的,因此那些不敢把自己置身于风险之中的人,是绝对无法获得成功的。毕竟只有输得起的人,才会有赢得起的资格。

迷茫时，冒险指引你

■ 善用你的野心

每当提起"野心"这个词，总会在人们的心里引起警惕，也常常把它与争权夺势、与血腥联系在一起。实际上并不是这样的，对于志在成功不甘于庸俗的人来说，野心是不可或缺的，因为它可以激发起人们的上进心，对自己的目标充满了志在必得的决心和勇气，从而不被一切困难挫折所打倒。拿破仑曾说，不想当将军的士兵不是好士兵。的确，野心是一切成功人士实现自己理想的基石。

巴拉昂是法国的传媒大亨，他以推销装饰画起家，在不到10年的时间里便迅速跻身于法国50大富豪之列。后来，他患上了前列腺癌，于1998年去世。他留下一份遗嘱，在他的财产中拿出100万法郎用于奖赏那些揭开贫穷之谜的人，其余的则捐赠给医院，用于前列腺的研究。

法国《科西嘉人报》刊登了他的遗嘱，全文如下：我曾经是一个穷人，去世时却以一个富人的身份走进天堂之门。现在，我把自己成为富人的秘诀留下，即"穷人最缺少的是什么"。找到答案的人将得到我的祝福，并得到我留在银行保险箱里的100万法郎，那是对睿智地揭开贫穷之谜的人的奖赏。

遗嘱刊出后，《科西嘉人报》报社接到了大量的来信。有的认为穷人最缺少的是技术，有的认为是资本，有的认为是智慧，有的认为是机会，等等。总之，答案五花八门，应有尽有。

第一章
冒险中寻找成功的机遇

后来，谜底被揭开了。令所有人吃惊的是，得到这100万法郎奖金的居然是一个只有9岁的小女孩。而这个小女孩的答案是：穷人最缺少的是野心。这与巴拉昂留在保险箱中的答案一模一样。

所有的人都感到意外。在接受100万法郎颁奖典礼时，小女孩解释了其中的原委，她说："每次姐姐把她11岁的男朋友带回家时，总是警告我说：'你不要有野心啊！'所以我想，也许野心可以让人得到自己想要的东西。"

是的，只有有野心，你才可以得到自己想要的东西。因为只有当你觉得自己非要得到某件东西时，你才会去想方设法，才会有动力和勇气。我们之所以对"野心"这个词充满警惕，是因为在我们的印象里，它总是与争名逐利、利欲熏心、不择手段联系在一起。其实，如果野心脱离了这些低级趣味的东西，对我们的发展还是很有好处的。我们就把这种野心叫作健康的野心。

研究创造行为和科学多样性的心理学家，将野心看作一种最有创造性的兴奋剂，他们相信野心在本质上就是充满活力的东西。西方的一位哲学家也认为：自我实现是人类最崇高的需要之一。它从来都是人生的兴奋剂，是一种抑止人们半途而废的内在的动力。自我实现的欲望越是强烈，一个人在他的生活旅途中就越是信心百倍，成就卓然。没有野心的人，就像失去了发动机的汽车，难以想象他会前进。

高尔基说："目标愈高远，人的进步就愈大。"一个人不可能取得自己所不可企求的成就，因为人的行动，永远不会超越思想。也许，一个想当将军的士兵不一定能当上将军，但是至少，他会比不想当将军的士兵走得更远，离自己的目标更近，取得的成就也就更加辉煌。只要我们把野心约束在一定的范围之内，只要不让它去践踏人类

迷茫时，冒险指引你

的道德和尊严，这样的野心就会成为我们前进的动力。

我们都是凡人，不可能做到无欲无求；如果我们真的做到，恐怕也是一种悲哀了。所以，珍视你的野心，并好好加以利用，它就会成为你成功路上的推动力。

第一章
冒险中寻找成功的机遇

■ 战胜自己

　　自从人类诞生的那一天起，我们就不停地与大自然进行着较量。我们征服河流，让它为我们灌溉农田；我们驯服野兽，让它们为我们服务；我们征服自然，让它听从人类的指挥。我们创下了一个又一个奇迹。我们骄傲，我们自豪，好像我们就是万能的上帝。但是当我们静下心来的时候，却往往发现还有一个最大的敌人没有被我们征服，那就是我们自己。因为自己的心念，往往不受自己的控制，那才是我们最顽强的敌人。

　　或许有人会觉得这有些危言耸听或者夸大其词，但事实却是如此。据科学家分析，人类所发挥出来的能量只占自身所拥有的全部能量的4%左右，也就是说，我们每个人的身体内都潜藏着巨大的能量，而如果这些能量可以全部爆发的话，我们完全有能力创造出比现在辉煌得多的业绩。但是，这些能量却被深深地埋藏起来，而埋藏这些能量的，往往就是我们自己。

　　我们总是不相信自己，总是怀疑自己，总是看轻自己，于是我们体内所潜藏的那些能量也就在我们的怀疑之中渐渐消退，所以我们放弃了，也就失败了。其实，只要我们全力以赴是可以将事情解决的。但是我们自己却出卖了自己，让自己成为自身的俘虏。

　　美国有个个性分析专家罗伯特有一次在自己的办公室里接待了一个人，这个人原来是个企业家，家财万贯，但是由于后来经营不善而

迷茫时，冒险指引你

倒闭，而他自己也从一个叱咤商场的风云人物沦落为一个流浪汉。

当这个人站在罗伯特面前时，罗伯特打量着他：茫然的眼神、沮丧的神态、颓废的样子。当罗伯特听完这个人的讲述之后想了想，对他说："我没有办法帮你，但是如果你愿意的话，我可以给你引荐另一个人。在这个世界上只有这个人可以帮你，可以让你东山再起。"

罗伯特刚说完，这个人就激动地站了起来，拉着他的手说："太好了，请你马上带我去见他！"

罗伯特带着他来到一面大镜子跟前，指着镜子中的人对他说："我要给你引荐的就是这个人，你必须彻底认识他，弄清他，搞懂他，否则你永远都不可能成功。"

流浪者朝着镜子走了几步，望着镜子中那个长满胡须、神情沮丧的人，他把自己从头到脚打量了几分钟，然后后退几步，蹲下身子哭了起来。

几天后，罗伯特在街上见到了这个人，几乎认不出他来了，只见这个人西装革履，神采奕奕，步伐轻快而有力，原来的那种沮丧和颓废一扫而光。他见到罗伯特立刻前来握住他的手说："谢谢你！我现在已经找到了一份很不错的工作。我相信凭我的能力，我一定可以东山再起。到时我一定会重重答谢您的！"

果然，不到几年的时间，那个人果然又重新创办了自己的企业，再次成为当地的名流人物。

在这个世界上，能够击败我们的只有我们自己，只要我们自己不放弃自己，是没有人可以战胜我们的。但是，我们却总是让自己生活在自己所设计的囚牢里。当然，人性是有弱点的，这一点我们不得不承认。一路走来，我们好像总是生活在与别人的较量之中，而唯独忘

第一章
冒险中寻找成功的机遇

记了我们自己。但事实是，要想战胜别人，先要战胜自己。

美国《运动画刊》上曾经登载过一幅漫画，画面是一名拳击手累得瘫倒在练场上，标题耐人寻味——突然间，你发觉最难击败的对手竟是自己。

1953年，科学家谈林和克里克从照片上发现了DNA的分子结构，并提出了DNA螺旋结构的假说，这标志着生物时代的到来，而他们也因此而获得了1962年度的诺贝尔医学奖。其实，早在1951年，英国一位叫富兰克林的科学家就从自己所拍的DNA的X射线衍射照片上发现了DNA的螺旋结构。但由于他生性自卑，且怀疑自己的假说，所以与成功失之交臂。

富兰克林因为没有战胜自己的自卑和怀疑而与科学界的最高奖项失之交臂。人的本性，注定我们内心有许多的不坚强；自己，往往是最可怕的对手。为了成功，我们必须战胜自己，因为这往往是我们通向成功的最后一道屏障。

一个人只有战胜自己，才能成为自己的主人；一个人只有成为自己的主人，才能把握自己的人生。战胜自己需要坚强的意志，只要你有一个坚定的信念，就一定能够超越自己。

自己与自己的较量是最残酷的，也是最惊心动魄的，因为我们面对的不是别人，而是我们自己，他和我们一样强大，他很了解我们的内心。只要我们稍不留神，就会被他钻了空子。他也很了解我们的防守和进攻，在这个敌人面前我们几乎就是个透明人，一不小心就会被他击败。在人生的道路上，有的人能够成功，有的人却总是失败。而所有能够成功的人都是打败自己的人，那些被自己打败的人，也是生活中的失败者。

迷茫时，冒险指引你

战胜自己，最需要的就是一种坚强的意志力。人与人之间，强者与弱者之间，成功者与失败者之间最大的差异就在于意志力的差异。一个人只有具有了坚强的意志力，才能够成为自己的主人，也才能够成为生活中的强者。

第一章
冒险中寻找成功的机遇

■ 背水一战

刚刚开始创业的时候，威尔逊的全部家当只有一台价值50美元的爆米花机，这还是他以分期付款的方式赊来的。第二次世界大战结束后，威尔逊决定从事地皮生意。他的亲朋好友听说后，都不赞同，认为他简直是疯了。确实也是，刚刚经历过战争的美国，人们一般都比较穷，买地皮修房子、建商店、盖厂房的人很少，更不要说从事地皮生意的人了，简直寥若晨星。

对此威尔逊却并不以为然，虽然他也知道现在的地皮生意很不景气，但他更知道的是，地皮的价格比战前要低很多。于是，他决心放手一搏。尽管连年的战争使美国的经济很不景气，但威尔逊认为，美国作为战胜国，经济一定可以得到很快的发展，那时，地皮的价格也一定会随着购买力的增强而暴涨。

威尔逊明显感觉到了这是一个大好的商机，于是，他毫不犹豫地把全部资金都拿了出来，把市郊的一大片荒地买了下来。虽然这片土地由于地势低洼，不适宜耕种，很少有人问津。但是，威尔逊却很看好它，他预测,美国经济会很快繁荣，城市人口会日益增多，市区将会不断扩大，必然向郊区延伸。在不远的将来，这片土地一定会变成黄金地段。

三年之后，事实果然正如威尔逊所料的那样，市区迅速发展，城市人口剧增，大马路一直修到这片荒地旁。这时，人们才发现，这片

迷茫时，冒险指引你

土地是一片不可多得的风水宝地。它风景宜人，是人们夏日避暑的好地方。于是，这片土地价格倍增，许多商人竞相出高价购买，但威尔逊不为眼前的利益所惑，他还有更长远的打算。后来，威尔逊在自己这片土地上盖起了一座汽车旅馆，命名为"假日旅馆"。由于它的地理位置好，环境优美，交通方便，开业后不久就顾客盈门。从此，威尔逊的生意越做越大，他的假日旅馆逐步遍及世界各地。

人生中的很多事情就是这样，要想有所突破，要想取得超越他人的成就，就必须拿出魄力来，冲破束缚着你的条条框框，克服路上遇到的艰难险阻。只是在这样做的同时，失败的可能性也就大大地增加了。原因很简单，你若是选择走平坦的大路，危险当然会很小，也不会遇到什么艰难险阻，但要想超越别人相对来说就会变得困难很多，因为很多人都在这条路上走；你若选择走一条别人未曾走过的捷径，当然会比别人更快地到达目的地，但是这条路一定不会像大路那样平坦，而且处处潜伏着危机。其实世界上的事情就是这样，鱼与熊掌往往是不可兼得的，选择走大路，你就必须要接受命运的平庸；选择走捷径，就要预计到可能会走得很艰辛，甚至遇到危险。

人生中很需要放手一搏的勇气，尤其是对于那些不甘于平庸的人来说。万无一失意味着止步不前，那才是最大的危险。为了避险，才去冒险，避平庸无奇之险，值得。

只有孤注一掷，放手一搏，才能突破常规，寻找到自己人生中的转机，也只有具备这种勇气的人才配得上成功的荣耀和光环。

人们常说无限风光在险峰。平地上是无法领略到秀美的风光的，只有勇于登上顶峰的人，才能领略到山顶上奇美的风光。同样的道理，在追求成功的道路上，也只有敢于拼搏冒险的人，才能体会到常

第一章
冒险中寻找成功的机遇

人所无法体会的幸福和快乐。只是在现实中，太多的人在做事前总是先观察，只有在确保毫无风险、万无一失时，才会着手进行。殊不知，机会是稍纵即逝的，若在你确保没有风险之后还能将其抓住，那机会也就不是机会了。生活中的任何事情，都不可能是万无一失的，都不会有百分之百的把握，有成功就会有失败，这是一种必然的规律。因此，当你看准机会，就不要有太多的犹豫，去放手一搏吧，或许会经历坎坷，但起码成功就近在眼前了。

第二章

做好冒险的准备

> 不清楚地认识自己，对自己的能力性格作出一个合理的定位，很容易造成一些损失或者失败。每个人对自己都要有一个基本的认识，这是必须的，只有对自己有了一定的认识，才能更客观地看待自己的能力、性格。

第二章 做好冒险的准备

■ 认识自己

"认识自己"对于任何人来说都是很重要的，它不仅是一种对自我的认识或者自我意识的能力，还是一种可贵的心理品质。自我认识或自我意识，从字面来看，我们可以理解为对周围事物的关系以及对自己行为各方面的意识或认识，它包括自我观察、自我评价、自我体验、自我控制等形式。

从现实生活当中，我们可以清楚地认识到，一个人如何看待自己是与自身的自信心强弱有关的，自信心强的人能较好地看到自己的潜力，而自卑的人则会对自己有所贬低。我个人就有过这样的感觉，当我感觉我某天、某时心情不好的时候，那么，我那一天是不快乐的，但是，当我换另一种心态来证实我是快乐时，那么我的心情就会非常地好了。是啊，很多时候如果觉得自己是个乐观向上的人，就会表现得乐观向上；如果认为自己是个内向而迟钝的人，那很可能就会表现得内向迟钝。这些现象告诉我们的是，只要我们充分地相信自己，那么一切都可以改变。

认识自己，看清自己的优点与缺点，不要过高吹捧自己，当你把自己的能力过于高估时，很容易遭受挫折。我的朋友对我说过一段话："当你一切都顺利、平步青云时，你更应该时常警戒自己保持头脑的清醒，因为那是一个人最能滋生骄傲情绪、走向极端的时候，所以，成功时不能目中无人，目空一切。"

迷茫时，冒险指引你

是啊，当我们成功时，要像刚起步时那样看待朋友，看待生活，要一如既往地勤奋忠实。不要在取得一点成绩以后就认不清自己，把自己和原来的"我"分开，同时也把自己和朋友、亲人分开，使自己游离于社会之外。如果你不慎掉入了那种骄傲的状态时，那你已经远离世界、远离亲人了，在很多人的眼中，你已经是一个格格不入，甚至是一个另类人物了。

在希腊帕尔纳索斯山的戴尔波伊神托所的石柱上刻着两个词，翻译成通俗语言就是：认识你自己。这句话当时是家喻户晓的一句民间格言，是希腊人民的智慧结晶，由于这样的一句话成就了许多伟大的人物，所以他们把这句话刻在了石柱上。由此我们可以看出，认识自己对于前人或者当今的我们来说都有着同样的重要意义，它时刻提醒着我们把握自我、设计自我、实现自我。

我的朋友张诚是一个很好的例子，他没成功之前，我们时常聚在一起，但他成功之后，很快就变了，和朋友的距离越来越远，而且骄傲的情绪慢慢地聚在了他的身上。好景不长，一年多后，他失败了。但是，一段时间后，他清楚地认识了自己，所以现在他已经再一次地站了起来，但是那些骄傲的情绪和不良的心态已经远离他了，我们也再一次找到了几年前的他。

是啊，有许多成功的企业家之所以先成功后失败，就是因为没能很好地认识到自己，没能把现在的自己和原来的自己联系起来。这种现象是很容易出现的，当你成功的时候你周围的人对你的吹捧会使你骄傲自大，但是那些经受过挫折和明智的人永远是以自己心中的自我为基准，绝不在乎别人的吹捧，所以他们能长久地发展下去。

认识自己，不管是在逆境中还是顺境中都很重要。现实生活中，

第二章

做好冒险的准备

我们不管是在怎样的环境里都一样会迷乱方向，是逆境中还是顺境中都没有任何区别。当我们面对困难和挫折时，大部分人能够认识到自身的能力和优势，正是这样，所以他们能分析清楚失败的原因，再经过认真的思考，最后坚定信心，就地爬起再创辉煌。另外一部分人，他们面对挫折和困难时，由于没有清楚地能认识自己，所以他们总是怀疑自己，认为自己没有能力，最终等待他们的将是难成大志。

那么，我们怎样才能真正的认识自己呢？这是想认识自己的人所关心的问题。事实上，认识自己可以通过两个方面来实现。第一种是通过自己来认识自己，首先我们要对自身有一个基本的认识。自己的性格是内向还是外向；在交际方面自己是否有一定的能力；对待工作方面自己是否踏实、耐心和毅力并存，而且这些方面如何；在工作中，自己的创新能力强不强，甚至有必要对自己的星座、血型都有一个基本的认识，然后在对这些做一个全新的定位，同时在选择一个比较能发挥自己优势的工作。

认识自己的第二种方法是通过别人来认识自己。通过别人来认识自己是一种重要的途径，因为，通过与别人聊天，能更好地展现出一个人究竟有何种性格、何种能力等各方面的特征。一些心理学家曾经提出这样的一个理论，说通过在镜片中观察自己行为的反应而形成自我认识、自我评价。这种理论被他们称之为"镜中之我"理论。

正确地认识自己并不是一件很容易达到的事情。人们往往为了认清自己付出许多的努力和艰辛，但是，这些努力和艰辛都是值得的。我们为了比较客观地认识自己的目的，还需要把别人对自身的评价与自己对自己的评价进行对比，在实际生活中反复衡量。

迷茫时，冒险指引你

■ 了解自己

我们最熟悉的人是自己，最不懂得的人也是自己。我们花尽一生的时间来研究自己。

我们可以很容易地看清别人的面孔，看到这个美丽的世界，看到千姿百态的大自然以及形态各异的虫鱼鸟兽。天上地下的每一样事物都逃不过我们的眼睛，但令人尴尬的是我们却不能看清自己。

老子说："自知者明。"一个人只有认清自己才能在生活中更加充满智慧。如果一个人连自己是谁都搞不清，就只能像无头的苍蝇一样到处乱撞。但是认清自己又谈何容易，又有几个人敢说自己真的了解自己。

可能，我们并不能完全了解自己，但是，至少我们可以让自己做得更好。一个人只有认清自己，在生活中才会更有目的性。人性是复杂的，有时连我们自己都会奇怪自己为什么会做一个古怪的决定。"不识庐山真面目，只缘身在此山中。"或许正是因为离自己太近，所以才迷失了自己吧！

我们看不清自己眼中的自己，却可以看清别人眼中的自己，所以我们可以通过别人的反应来观察自己。这也就是所说的"以人为镜"。

为了认清自我，科学家们也做了一些探索。美国的心理学家乔（Jone）和韩瑞（Hary）提出了关于自我认识的理论，被称为"乔韩

第二章
做好冒险的准备

窗理论"。他们认为，每个人的自我都有四部分，即公开的自我、盲目的自我、秘密的自我和未知的自我。那么，我们具体通过哪些途径来认识自己呢？

首先，从自己与他人的关系认识自己。我们每个人都生活在一个集体中，我们每天都在与不同的人打交道。而别人也总会对我们有一些印象，他们把对我们的感觉，如喜欢、讨厌、爱慕等种种情感通过自身所散发出的信息传递给我们，而这些信息被我们捕捉到，便会明白自己的形象。别人就成为反映我们自身的一面镜子。而我们又可以根据这些反馈的信息来不断地修正自己。

聪明而又善于思考的人可以从这些关系中不断地向别人学习，改掉自己的缺点，发挥自己的优点，让自己向着心目中那个完美的形象靠近。这时我们不仅仅是捕捉从别人那里传来的信息，还包括在与别人的比较中给自己定位。但是，在比较时应该注意到那些并不是标准，不能在跟别人的比较中而失去了自己。

其次，从自己与事的关系认识自己。也就是说，要从做事的经验中来了解自己。每件事的结果都是我们智慧的反映。我们从中可以发现自己的优点和长处，也可以发现自己的弱点和缺陷。对于聪明的人来说，他们总会从自己的经验中看到自己的影子，也可以从自己的失败中看到自己的不足。他们不断地吸取着经验教训，让自己逐渐得到改善。

再次，看清自己心目中的自己。这要求我们要从两个不同的角度去观察自己。第一是自己眼中的我。这是指看清我们的一些外部特征，如相貌、年龄、气质等外在因素。第二是我们内心中的自我，这就要求我们要静静聆听内心发出的声音，我们对自己的评价是什么；

迷茫时，冒险指引你

我们对自我的期待是什么；我们心目中那个完美的形象是什么样子；我们对自我的感觉是什么，讨厌或喜欢，接受或拒绝。只有让自己心中那个模糊的形象渐渐清晰了，才能更清楚地看清自己。

当然，认识自己不是一件容易的事情，但只要我们努力，总可以做得更好些。只有认清自己，才能在行动中减少盲目性，才能让我们在生活中少碰壁。比如在制定目标时，我们只有了解自己的实力和优劣势，才能根据自身的情况制定合适的目标。在生活中，我们只有知道自己想要成为一个什么样的人才会采取相应的行动，制订相应的计划，而不是盲目地乱撞。

当我们认识自己以后，就要学会接受自己。接受自己就是正确地看待自己。我们每个人都有自己的优点也都有自己的缺点，既不能因为身上的某些优点而骄傲自大，也不能因为身上的某些缺点而妄自菲薄。我们所要做的，就是用一种正确的心态来看待自己，不断地完善自己，改正缺点，发扬优点。没有必要去模仿别人，因为在这个世界上，每一个人都是独一无二的，我们有理由保持自己的本色，而不是在人云亦云中迷失自己。

接受自我意味着要爱自己。如果你爱过别人，就应该明白爱就是打开，就是容纳。你并不在乎他有什么缺点或者对你的态度，只是完整地接受，完整地奉献。这就是为什么会说"爱到深处人孤独"，因为这是全心全意地投入、忘我奉献的必然结果。

接受自我意味着完全信任自我。这就要求我们要时时聆听来自内心深处的声音，也就是上面我们所说的看清心目中的自己。然后使自己完全投入生活，而不是徘徊不前；觉得自己不够资格投身于人生的赛场，则意味着敬畏自己的人性本质和无限潜力。

第二章
做好冒险的准备

　　接受自我是一种自爱，是自己对自己的爱惜。一个人爱惜自己就不会自暴自弃，在任何时候都会相信自己。自爱并不是自恋，自恋是一种以自我为中心的盲目的妄自尊大，往往只看到正面的自己而看不到自身的缺陷，是一种心理不健康的表现。

　　一个人只有认识到自我才能在生活中不再盲从，也才能更加理性；而接受自我是我们进步和发展的先决条件，只有这样，我们才能全面地认识自我行为的性质，才能在面对困难和挫折时敢于相信自己、不抛弃自己，才能更加有勇气去面对生活中的风风雨雨。

迷茫时，冒险指引你

■ 我是最好的

不要害怕别人怎么说你，你应该在众人面前大声地说："我是最好的"。每个人都是最好的，不管你是美或丑，因为你的长相并不是你所能选择的，它是父母给的，所以不要因为长相差而感觉自己总是比别人差。

有一个知名的男模，他的长相可以说是百万人中难选一个，但是他总对自己的容貌产生一些疑问，他对自己的容貌始终没有自信心。他害怕别人向他投来注视的眼光，他和女友约会时，常常感到自己很无趣，很紧张，就因为他脸上有个小得难以觉察的疤痕。尽管他在舞台上接受过许多赞美的眼光，但是他这种心态让他惶惶不安，他始终对自己脸上的疤耿耿于怀，总害怕别人因为这个原因给他不好的评论。

为此他找到了一位很有才华的老人，他希望在老人那里学到一些解决的办法。当他见到老人时，老人正在大树下喝茶。当这个男模把来的目的说给老人听时，老人对他说了一句话就再也没有开口了，老人对他说："如果我是你，我一定对别人说'我是最好的'。"男模回到家后，经过一夜的思考终于想通了老人的话，此后，男模每天都很快乐，再也不会为自己的一些缺陷而感到伤感了。

当人们对自己失去信心的时候，要学着改变自己，在心里对自己大声说：我是最好的。那些自我价值建立在外表上的人，他们都害怕

第二章
做好冒险的准备

自己外表上丝毫的缺点会使别人对他大失所望。不管是在什么时候，当他面对镜子时，都会忍不住要盯住自己细微的缺点看，在心里总是想着怎样来解决这个缺点让它变得完美。所以这个对自己失去信心的恐惧感怎么也挥不去。其实这就是个人心态的问题，如果你一直持有先入为主的成见，不能接受自己身体的某些部分或某些微小的缺点，即使你的长相有多么的俊美不凡，你还是会对自己感到不满意。

美不是一种外在的表现，它是内在的，一个人也许外表并不突出，但他能散发出重要性远甚于面貌特征的气息。这些气息有自信、勇敢、聪明、快乐等等。当你拥有了这些气息的时候，你就是最美的，但是换一个角度，如果你鄙视自己，那么，你散发出的气息就会是在无形之中告诉别人："最好别看我"或"我长得不好，我又不懂得化妆……"。到那个时候，你的这种自我批评就会使他人低估你的魅力。

对自己失去信心的人都是失败者，相反那些对自己持肯定态度的人做事一般都会成功。因为，他们对自己有信心，相信自己是最好的，他们总是坚韧不拔地向着更美好的生活前进。对于失去信心的人来说，他们在心里只深信自己是二流的，永远不能走上成功的舞台，不时地会对自己产生讨厌，对自己不太尊重，看不起自己。导致他们在生活当中总是回避生活的挑战，面对需要得到帮助的人，总是不能向前再走一步去帮助他们，始终在想自己的帮助对别人可能根本就派不上用场。其实我们应该相信一句话："天生我材必有用"。没有谁是无用的，就看你如何对待自己。否定自己价值的人将会失败，即使不会失败，也是碌碌无为地度过一生。

也许在我们上小学或中学时会有这样的同学，他们对自己的学习

迷茫时，冒险指引你

一直抱着失望的心态，他们一开始就认为自己不是读书的材料，认为自己没有这个天分，所以等待他们的将会是失败或者平庸的一生。

否定自己的人，常常会身不由己地把注意力的焦点集中在他们最怕暴露的"缺陷"上。一个身材不好的女人害怕别人总是盯着她的身体看；一个脸上有缺陷的人，总是会把别人的注意力往其他的方面转移，不认真看自己的脸；一个学习不好的人，当别人问起时，他总是半天不出声或者介入其他的话题。如果我们为自己小小的缺点而自暴自弃，即使别人想替我们破除障碍，提醒我们真正有吸引力的优点，恐怕也是有很大困难的。

生活当中，我们见过一些身体高或矮，或者特别胖的人，也许他会是你的朋友、你的同事。但你注意到他们对自己的态度了吗？他们当中有些人总是那么从容自得，充满自信，根本没想到把他们和社会上一般的标准做比较。他们不会因为自己的身体而减损自信。美与丑、好与坏的评价在于观赏者的眼睛，其他人怎么说并不重要，他人的嘴不是你所能控制的，只要我们能控制自己的心态就够了，只要你相信自己是最好的，那么任他风吹雨打都不怕。

世上万物没有一物是十全十美的，再漂亮的房子也有缺陷，再新潮的电子产品也会有淘汰的时候。世界上最伟大的人物，他们一样有着许多的缺点，但是他们拥有良好的心态，他们都认为，自己不比别人差，自己是最好的。如果你时常对自己有负面评价，并设想别人也如此对你，那么就会模糊了自己存在的意义，这样你的生活就欠缺了光彩。每个人都有自己的缺点和优点，长相好的人或许有一颗狠毒的心；长相一般的人，或许有一颗温柔的心和一副好脾气；事业无成的人，或许孝敬长辈，热心公益，而那些事业有成的人，也许是偷税、走私得来的；学历不高、身份低微的人，或许个性谦虚，工作努力，所以好心态对任何人都十分重要。

　　一个人自认为是美的，他真的就会变美。如果他心里总是嘀咕自己是愚笨、无能的，那么他就会变得无足轻重，毫无作用。人的成与败、荣与辱都存乎你的心灵，若你真的关爱自己，那么就下定决心从现在起开心地接纳自己。只有自己接纳了自己，别人才会乐于接纳你。如果连你自己都不喜欢自己，那你怎么会得到别人的喜欢呢？任何时候都要相信自己是最好的，为了改变以往的不自信，将你的优点和缺点诚实地列出，对你的优点不要骄傲，对你的缺点不要心怀沮丧，而是以愉快乐观的心态下定决心改正它们。在生活当中不断地发现优点和缺点，再不断地优化优点和改正缺点，这样你就会越来越充满自信，所以肯定自己的力量吧！相信你是最好的。

迷茫时，冒险指引你

■ 改正自身缺点

"人非圣贤，孰能无过。"每个人都有自己的缺点，每个人也都有自己的过错，这就要求我们要以正确的态度去看待。我们既不能对自己身上的缺点进行放纵，也不能因为它而否定自己，正确的态度应是"有则改之，无则加勉"。

一个人能够意识到自己的缺点是件好事，因为只有意识到才有改正的机会。而我们每改正一个缺点也就意味着向成功迈进了一步。

美国前总统富兰克林·德拉诺·罗斯福小时候是一个非常胆小脆弱的男孩，他的脸上总会带着一种惊恐的表情，有时甚至连被老师喊起来背诵也会双腿发抖，回答时也是含糊不清。如果是别的小孩子，也许就会让自己沉浸在自卑的泥沼中不能自拔，但是小罗斯福却不是这样。本身的这种缺陷反而激发了他的奋发精神，他并不因这些缺陷而气馁，而是将其加以利用，变不利为有利，变缺陷为资本。他从不把自己当作有缺陷的人来看待，而是努力使自己成为一个真正的人。他向那些强壮的孩子学习，和他们一起去玩一些激烈的活动，如骑马、游泳等。他看见别的孩子以刚毅的态度去克服困难，用以克服惧怕的情形时，便也学着让自己去对付所遇到的可怕环境。慢慢地，他觉得自己也变得勇敢了。后来，他又主动和其他小朋友接触，他发现他们渐渐喜欢他而不再是讨厌他。由于交往增多，他的自信心也渐渐增强，自卑感也就无从发生了。

第二章

做好冒险的准备

后来，经过他的刻意改正，在他进入大学之前，已经将健康和精力恢复得很好了。到了晚年，已经很少有人意识到他曾有过严重的缺陷。他受到美国人民的爱戴，成为美国历史上最得人心的总统之一。

一个人只有正视自己的缺点并不断地加以改正，才能取得进步。每当我们改正一个缺点，便相当于经过一次蜕变，相比以前更加成熟和完善。但有时我们却不愿承认自己的缺点，总是掩饰自己的缺点，因为那会让我们很没面子。毕竟，每个人都希望自己在别人眼里建立一个良好的形象，希望自己在别人眼里很完美。但是，这样只能讳疾忌医，我们身上的缺点会像一个个毒瘤，不断扩散、蔓延，直到最后把我们全部吞噬。

保罗·盖蒂是美国石油产业的大亨，他当初有个缺点，那就是喜欢吸烟，而且吸得很凶。有一天，他开车经过法国，适逢天降大雨。而他也已经开了几个小时的车，非常疲惫，于是便打算在小城的一个小旅馆过夜。吃过晚饭后，他很快便进入了梦乡。

清晨2点左右，他从睡梦中醒来，这时烟瘾又犯了。打开灯去摸烟盒，却是空的。下了床搜寻衣服口袋，也是空的。再找行李里面，还是没有。喜欢吸烟的人大概都有这种体验，那就是越是没有香烟，想抽的欲望就越大。此时旅馆的餐厅、酒吧早关门了，他唯一能得到香烟的地方就是火车站，但那里离这里很远，必须要开车去，而他的车则停放在离旅馆有一段距离的车房里。

他换下睡衣，穿好衣服，伸手去拿雨衣。这时，他忽然意识到自己在做什么：深夜跑这么远，就是为了得到一支烟。他，一个在商界中叱咤风云的人物居然会被一支小小的烟所左右。

思考了一下，盖蒂下了决心，他把那个空烟盒揉成一团扔进了纸篓，然后脱衣上床，几分钟便又进入了梦乡。

从此以后，保罗·盖蒂再也没有拿过香烟，而他的事业却越做越大，成为世界顶尖富豪之一。

只有克服掉身上的缺点，才能让自身得到健康的发展。俗话说"千里之堤，溃于蚁穴"，如果我们不去刻意改正的话，小小的缺点可能就会对我们的发展造成很大的危害。

当然，我们也不能因为自身的一些缺点而感到自卑，毕竟在这个世界上没有完美无缺的事物，而正因为人类自身的不完美，我们才有了这样大的发展空间，才有了这样大的可塑性。如果太完美，反而失去了存在的意义。

■ 相信自己

生活当中，你才是自己命运的主宰，是你生活的推动力。面对挫折和不幸时，相信你自己，相信你不比别人差，这样你才能更好地面对和解决这些挫折。你也不要为所犯的错误而折磨自己，也不必为自身的缺陷而轻视自己，更不要为生活中的不幸而纵容自己，这样只会让你的生活越来越无趣。

那么，怎样才能提高自信心呢？其实很简单也很困难。提高自信心，首先就要学会接纳自己，它包括接受自己的缺点和优点。

接受，是对自己诚实，正视自我的存在，是完全地信任自我的体现；接受，意味着关注自己内心的感受，倾听内心深处的声音；接受也同样意味着用新的眼光看待自己，意味着使自己完全投入到生活当中，而不是徘徊不前，觉得自己不够资格投身于人生的赛场。我们可以把接受自我，比喻成一个深爱别人的人。当你深爱那个人时，你就知道你应该怎样来对待自己了。爱一个人，是对他打开心菲，容纳他的美与丑、好与坏，是完全地接受他。在这时候就不会去计较他有什么缺点，或者对你的态度，你只是完整地接受、完整地奉献，这就是为什么会说"爱到深处人孤独"，因为这是全情地投入、忘我奉献的必然结果。所以对待自己也需要用爱来对待。

接受自我是自爱的行为，他与自私、自恋有本质的区别。自爱是自我珍惜的情感，意味着接纳自我的同时会去珍爱这个世界。自私却

迷茫时，冒险指引你

是以个人利益为中心，不顾他人利益的一种选择；而自恋则是一种极端的表现，自恋也是三者当中最具危险性的。

自我接受看似简单，实际上它是我们获取进步和发展的先决条件。只有这样自我接受，我们才会更全面地认识自己的行为和性质。进而更自信地评价自己。同时，在接受自己的基础上，要学会自我解嘲。当一个人能够以幽默的方式嘲笑自己的不足时，他就能够获得超然的心境。波希霍汀是一位心理学家，他说过这样的一句话："不要对自己太过严肃。对自己的一些愚蠢的念头，不妨'开怀一笑'一定能将它们笑得不见踪影。"是啊，相信自己并不是一件坏事，而是一件让自己走向快乐、美满的事。我们不妨去试着做做。

美国布鲁金斯学会有一位名叫乔治·赫伯特的推销员在2001年5月20日这天，成功地把一把斧子推销给了美国前总统小布什。这是继该学会的一名学员在1975年成功地把一台微型录音机卖给尼克松后在销售史上所刻写的又一宏伟篇章。

乔治·赫伯特推销成功后，他所在的布鲁金斯学会就把刻有"最伟大推销员"的一只金靴子赠予了他。

布鲁金斯学会创建于1927年，该学会以培养世界上最杰出的推销员著称于世。布鲁金斯学会有一个传统，就是在每期学员毕业时，就会设计一道最能体现推销员能力的实习题，让学员去完成。

克林顿当政期间，布鲁金斯学会设计了这样一个题目：请把一条三角裤推销给现任总统。在克林顿执政的八年时间内，众多学员为此绞尽脑汁，最后都没有成功。克林顿卸任后，布鲁金斯学会把题目换成：把一把斧子推销给小布什总统。

但是，这个题目公布之后，许多学员都认为这是不可能做到的，

第二章
做好冒险的准备

有的学员认为把一把斧子卖给小布什简直是太困难了,结局和把一条三角裤卖给克林顿一样,会毫无结果,因为现在的布什总统什么都不缺,即使缺少,也不用着你去推销,更不用说他亲自去购买,他完全可以让其他人去购买,而且卖斧子的商家众多,布什不一定会买你的。

但是,乔治·赫伯特却没有产生如此消极的想法,他也没有找任何借口不去做,他认为不管结果如何,只要自己去做了,即使没有结果也没关系,做总比没做好。在他看来,把一把斧子推销给小布什总统是完全有可能的,因为布什总统在得克萨斯州有一个农场,里面长着许多树。于是乔治·赫伯特就给布什总统写了一封信说:"有一次,我有幸参观您的农场,发现里面长着许多矢菊树,有些已经死掉,木质已变得松软。我想,您一定需要一把小斧头,但是从您现在的体质来看,这种小斧头显然太轻,因此您需要一把不甚锋利的老斧头。现在我这儿正好有一把这样的斧头,它是我祖父留给我的,很适合砍伐枯树。假若您有兴趣的话,请按这封信所留的信箱,给予回复……"

在乔治·赫伯特把这封信寄出去不久,布什总统就给他汇来了15美元。

乔治·赫伯特成功后,布鲁金斯学会在表彰他的时候说,"金靴子奖已空置了26年,26年间,布鲁金斯学会培养了数以万计的百万富翁,这只金靴子之所以没有授予他们,是因为该学会一直想寻找一个人,这个人不会因为有人说某一目标不能实现而放弃;不因某件事情难以办到而失去自信。

从乔治·赫伯特把斧子卖给布什总统这件事来看,自信对每个人

-49-

迷茫时，冒险指引你

都非常重要。无论我们面临的是学习还是工作的压力，无论我们身处顺境还是逆境，只要我们有自信，就可以用它神奇的放大效应为我们的表现加分。因此，只要我们有信心，在别人看来不成功的事也会有成功的可能，在我们的字典里就不会存在着"不可能"这三个字。

所以我们应该对自己自信一点，认定自己不比别人差，始终相信自己。这样你的生活才会更加快乐、美满。

第二章
做好冒险的准备

■ 欣赏自己

　　学会欣赏自己就是要我们看到自身的优点。当然这不是让我们盲目地自大，盲目自大是一种闭目塞听，它虽然也能看到自身的优点，但却盲目地把它扩大化了，以为这个世界上只有自己是完美无缺的。对自己的缺点视而不见，过高地估计自己的实力，以致脱离实际，最后让自己尝到失败的滋味。而欣赏自己是要我们肯定自己，但这种肯定却是理智的，是在充分认清自己的优缺点的基础上产生的。他也认识到自己的长处，但也知道自身还存在很多的不足。他不会因为自身存在的缺点而妄自菲薄，或者一直生活在自卑的阴影之中，而是采取积极的态度加以改进。

　　一个人只有学会欣赏自己，生活才会充满了乐趣。很难想象一个讨厌自己的人会生活在阳光里。一个人学会欣赏自己，就会时刻保持一种愉悦的心情，而我们行动起来也就会更加积极，也可以用一种更好的心态来面对生活中的各种打击。

　　有一对孪生姐妹，姐姐生得漂亮，且性格活泼好动，而妹妹则稍逊一筹，也不太爱言语。姐姐从小就在人们的一片赞美声中长大，而妹妹觉得自己不如姐姐一直生活在阴影里，于是更加喜欢把自己封闭起来，所以在别人的眼里她也一直是个怪异的女孩。

　　后来，姐妹二人同时考上了大学，但是却在两个不同的城市。妹妹第一次摆脱了姐姐的影子而独立地生活着。没有了姐姐的对比，她

迷茫时，冒险指引你

也忘记了自己曾经有过的自卑，而大学生活的丰富多彩又让她充满了惊喜。于是她开始试着参加一些课外活动。她的舞蹈跳得不错，而这还是拜她的姐姐所赐。她参加了宣传部，几乎每次晚会都少不了她的身影，而她跳舞的样子也显得更加迷人。由于她性格内向，所以心思细密，而且性格温和，很容易让人亲近，于是结交了好多朋友。于是她的性格渐渐开朗起来，她发现自己身上也有很多的优点，并没有当初自己所想象的那么糟糕。

假期放学回家，她的变化让所有人都感到惊奇。她不再一个人躲在屋子里，而是和周围的人侃学校里的各种趣闻。而自信也让她脸上原有的那种忧郁的表情一扫而光，而是充满了阳光，所以整个人都充满了青春的气息，连姐姐也夸她漂亮了好多。

同一个人，差别为什么会这么明显呢？原因就是因为心态发生了变化，即妹妹已经学会了欣赏自己，所以她的一连串的行动也都变得积极起来，而整个人也就变得更加可爱了。

那么，我们如何才能做到欣赏自己呢？

首先，要认识到自己的优点和长处。可以静下心来，仔细地列出自己的优点，然后把它们写在纸上，这样就可以时时提醒自己。认识到自己的优点是欣赏自己的前提，而一个人学会了欣赏自己，在生活中也就会更加乐观，也就更能应对生活中的各种难题。

其次，学会给自己记功。功劳不分大小，比如考试取得的一次好成绩，自己克服的一个难题等。当我们把这些微不足道的小事都记下来，在我们心情不好或怀疑自己的时候再拿出来看一看，就会增强自己的自信心。而每次"立功"之后都给自己一点小小的奖励，又会让自己变得开朗起来，对生活也就更加充满乐趣。

再次，理智对待自己的缺点，注意改正。学会欣赏自己并不是让我们对自身的一些缺点视而不见，那样也就违背了我们的初衷。相反，我们对待错误应该更加严格，并及时地加以纠正。因为每改正一个错误，我们就会有一种成就感，也可以看到自己一步步走向完美。可以把自己的缺点罗列出来，分析一下形成的原因，然后给自己限定一个期限，某时间段改正某个缺点。当初美国总统富兰克林就是利用这个办法来克服自身缺点的。

最后，多结交一些朋友。只要能成为朋友，就肯定有某些志同道合之处，就肯定有相互吸引、相互欣赏的地方。从朋友的言行举止中，我们可以捕捉到对我们肯定的信息。而一个人的朋友多了，也就会更加开朗，就算偶尔会有一些负面的情绪，也会在欢声笑语中得到消散，而朋友也会给我们一些安慰或解决的办法。只要将不快的情绪宣泄出来，就不会对我们产生什么危害。

迷茫时，冒险指引你

■ 挖崛自己的潜能

人体就像一座休眠的火山，里面潜藏着巨大的能量。我们每个人一生中所用的全部能量只占我们本身所拥有的能量的极小的一部分，我们每个人都有能力比现在做得更好。

如果将人体比喻为屹立在茫茫大海中的一座冰山，露出水面的部分即为已开发的潜能，而水下的部分则为未开发的潜能。20世纪初，美国著名心理学家詹姆斯认为，一个普通人只用了其全部能力的10%，还有90%尚未被开发。而后来有的心理学家却认为，一个人所发挥出来的潜能只占他全部能力的4%，也就是说，人类还有96%的能量尚未被开发。我们且不去讨论哪组数字更为准确，但有一点可以肯定的就是，人体的能量是巨大的。原苏联的一位科学家曾对人体内潜藏的这些能量做了这样的表述："如果我们能迫使我们的大脑达到一半的工作能力，我们就可以轻而易举地学会40种语言，也可将一部苏联大百科全书背得滚瓜烂熟，还能学完10所大学的课程。"

这些能力只是潜藏在人体之内而不是展现出来，往往不被我们所认识、所重视，有时甚至会被我们遗忘。它们也就永远被埋没在我们的身体里，而我们同时也就埋没了自己。

有这样一个小故事：有一个猎人，在山上捡了一只蛋，凭他的经验，他认出这是鹰的蛋，于是就把它捡了回来，把它和一些鸡蛋放在了一起。后来，妻子准备孵一些小鸡，便拿了一些鸡蛋去让老母鸡孵，而这只蛋也被混在了一起。小鸡们都慢慢地出生了，小鹰也和小鸡们一起出生了，它没有觉察出自己的不同，只是每天和这些小鸡混在一起，和它们一起啄食，一起游戏，它一直都以为自己是一只小鸡。每次看到天空中有老鹰在盘旋，它也既害怕，又兴奋。它怕自己会一不小心就被老鹰捉去，又很羡慕老鹰那翱翔天空的能力。

后来，这只小鹰被那个猎人发现了，它见这只"小鸡"有些与众不同，于是就想起了自己把老鹰的蛋和鸡蛋混在一起的事。它觉得老鹰是应该属于长空的，这只小鹰再这样生活下去，只会变成一只"鸡"，于是，它便试着让这只小鹰学习飞行。但是，小鹰一直都和小鸡生活在一起，它已经接受了小鸡们的生活方式，每天仅是拍拍翅膀而已。

猎人把它带到了屋顶，认为把它从屋顶掷下它就会自己飞起来，但小鹰拍了两下翅膀落地之后便又跑去和那些小鸡一起抢食去了。猎人很失望，于是又把它带到更高一点的地方，但还是老样子，小鹰只是滑翔一会儿就又落地了。如是三番，小鹰始终也没有飞起来。

这一天，猎人把小鹰带到了悬崖边，山脚下的片片良田和树木、河流都变得非常渺小。猎人提起小鹰对它大喊："是鹰，就应该属于长空，你去吧！"说完猛地把它掷了出去。小鹰一下张开了翅膀，在那里慢慢地盘旋、翱翔，它终于飞起来了。

我们每个人也都像这只小鹰一样，身体潜藏着巨大的能量，只要我们善加利用，就一定能够做出辉煌的业绩。但是，往往由于我们已经适应了自己的生活环境，不愿去改变，不愿去寻求挑战，我们的潜能也就被埋藏在体内。

一个人的潜能如果可以爆发出来，那么其能量是非常巨大的，有

迷茫时，冒险指引你

时连我们自己也会感到不可思议。有一位年轻的母亲在家照顾小孩，一天下午，儿子睡着之后，母亲趁这个机会去超市采购生活必需品，买回来之后，在巷子口遇到一位熟悉的邻居，便停下来聊了几句，就在这时，她发现儿子爬上了阳台，马上就要掉下来。这位母亲看到儿子有危险，马上扔掉手里的东西，飞奔起来，竟然奇迹般地接住了自己的儿子。后来专家们又请来别人做这个试验，但是没有一个人可以像那位母亲一样在那么短的时间里跑到出事地点并接住那么重的东西。

美国著名心理学家陆哥·赫胥勒说过，人类最大的悲哀不是地震，不是战争，也不是原子弹投向广岛，而是我们从未意识并开发出自己体内所蕴藏的巨大的潜能。是的，我们用极大的精力、财力和时间来研究外部世界，但却很少花时间来研究我们自己，以致让我们体内沉睡的潜能在寂寞之中死去。

但是，这也是我们人类最大的希望，只要我们认识到这些潜能并将其充分利用，我们也定能创造出更伟大的业绩。

第二章 做好冒险的准备

■ 唤醒心中的巨人

大自然赐给每个人以巨大的潜能，但由于我们没有受到过有效的训练，这些潜能一直被埋藏在我们的体内，就像一个个沉睡的巨人。如果可以唤醒这些巨人，我们定会成就非凡的业绩。

人与人的大脑构造是相同的，任何一个平常人的大脑与一个科学家的大脑都没有太大的不同，只是他们用脑的程度和方式不同而已，也就是说，他们体内的潜能所释放的程度不同。如果我们将这些潜能充分开发出来，我们任何一个人都可以成为一个像爱因斯坦那样伟大的科学家。

如何才能进行潜能开发呢，说来简单，但也很难，因为有时一个偶然的刺激它就会爆发；而有时，任你怎么千呼万唤它都无动于衷。一般情况下，它是需要强烈刺激的，当一个人置于险境的时候，他体内的潜能往往就会被激发出来。

一个美国军人，在战场上被流弹击伤，结果造成下半身瘫痪，被困轮椅12年。他对生活失去了信心，每天只是借酒浇愁。一天，他从酒馆出来之后，遭到几个劫匪的抢劫。他拼命反抗，谁知惹恼了那几个劫匪，放火烧他的轮椅。他一时情急，居然忘了自己是个残废，撒腿跑了起来，一直跑出了好远，这才清醒过来：自己居然能走路了。后来，他找到了一份工作，又可以像正常人一样生活了。

还有一个农民，他有一个十多岁的儿子。一天，他的儿子由于贪

迷茫时，冒险指引你

玩，开着自家的大货车在农场里转来转去，一不小心翻到了水沟里，整个身子被压在了下面，只露出了一个脑袋。这个农民见状立刻飞奔而去，毫不犹豫地跳下了水沟，然后居然一个人将车抬了起来，把儿子救了出来。孩子伤得不重，只是一点皮外伤。人们都感到惊讶，这个农民体形并不高大，也不够强壮，但是他居然能够独自抬起一辆车。事后，这个农民也试图再去抬那辆车子，但无论他怎么努力，都无法将其抬起。

大多数时候，我们之所以不能开发体内的潜能是因为我们总是会给自己设限。可能大家都听说过"爬蚤"的故事，跳蚤是世界上最善跳的动物，它能跳过其身高100倍以上的距离，但是，如果在它的头上加一个玻璃罩，然后不断降低玻璃罩的高度，那么它就会渐渐适应这个高度，直到最后玻璃罩接近桌面，这时它就变成"爬蚤"了。而我们呢，也正是因为给自己设限，所以才让自己局限在那个圈子里。这里所讲的设限是指"心灵"上的设限，我们总会觉得自己没有那么大的本事，没有那么大的能力，总是否定自己，不让自己去尝试。我们被自己的恐惧扼住了心灵，于是在困难面前束手就擒。

人的潜力是无穷的，当它释放出来的时候，连我们自己也会感到惊讶，因为我们通常都会认为那是不可能做到的事情。这种能力的爆发，有时需要的是强烈的刺激，有时需要的是坚强的意志。

齐藤竹之由于参选议员失败而欠下了一笔巨债，那年他57岁。为了谋生，他不得不去寻找别的工作。后来，他成了一家公司的人寿保险推销员。从事保险工作非常辛苦，每天都要东奔西走，更何况他又上了年纪。但是他却不服老，他告诉自己一定要成为公司里的首席推销员。自从定下了这个目标之后，他便开始拼命地工作。5年之后，也

第二章

做好冒险的准备

就是在他62岁那年，他实现了那个目标，赢得了"首席推销员"的称号。他并不满足，因为这次他把目光投向了世界，他要与那些世界级的顶尖推销高手竞争，他要赶上并超过他们。于是，他更加拼命地工作。就是凭着这种信念和超强的毅力，他终于在1958年创下了成交量的世界纪录。

我们真的很难想象一个年近古稀的老人会有这样的成就。保险推销是一份很辛苦的工作，就算很多年轻人也受不了，坚持不下去。但是一个老人却做到了，并创下了世界纪录。所以，人真的是无所不能的。

人体的潜能通常在两种情况下爆发：当我们受到强烈的刺激，面临巨大的困境时，人体的潜能往往就会爆发，让我们顺利地从困境中走出来，这也就是兵法所言的"置之死地而后生"；另外就是在我们强烈的信念的支撑下，这时也会激发出我们体内的潜能。

人体就像一个未开发的宝藏，需要我们用一生的时间去开发。所以，相信自己，我们有能力做得更好。

迷茫时，冒险指引你

■ 要有拼搏精神

世界上最可怜的人就是自暴自弃者。因为人是万物的灵长，宇宙的精华，而自暴自弃者却将自己的尊严踩在了脚下。

孟子曾说过："自暴者不可与有言也，自弃者不可与有为也。"意思是说，人不可自暴自弃，一旦自暴自弃，就没法做事做人。他曾经讲过这样一个故事：

齐国有一人，一妻一妾。

他家贫，但每次出门后都吃得酒足饭饱之后方才回来，还给两个女人带回很多好吃的东西。妻子问他同谁吃饭，他说都是些富贵之人。妻子觉得奇怪，便对小妾说："家中从没来过什么富贵之人，下次他出去，我定要看个清楚。"

第二天，丈夫又出门了，妻子悄悄跟在后面想看个究竟，发现他所到之处并无人跟他说话，又哪来富贵之人。只见丈夫一直走到东郭墙间的祭祀之地，向献祭的人要祭祀过的东西。妻子这才恍然大悟。回来之后告诉小妾说："我们一直都很敬重的丈夫原来是这样的人啊！"说着说着两个人便哭了起来。

丈夫回来后不知道发生了什么事，仍然是高高兴兴地拿出自己的东西炫耀。

邻人问孟子："这样的人活着让妻妾蒙羞，是不是一种耻辱？"

孟子说："在君子看来，这是再常见不过的了，一点也不稀奇。

第二章
做好冒险的准备

如今天下求富者，皆以枉曲之道，以出卖尊严来求得，整夜乞哀而求得，白天却在他人面前炫耀，不让妻妾害羞而耻辱者很少很少。"

人，最宝贵的是尊严，一个没有尊严的人只能是行尸走肉。在社会上，我们总会看到这样的人，他们放浪形骸，自暴自弃，仰人鼻息而不顾自己的尊严，一味迎合别人而失去了自己、迷失了自己。

如果在这个世界上，连你自己都不懂得去珍惜自己、尊重自己的话，还有谁会给你尊重呢？而一个连尊重都得不到的人活在这个世界上还有什么意义呢？

每个人都会遇到挫折，每个人也都会有自己的缺陷，这可能是懦弱者自怨自艾、自我毁灭的理由，也可以成为我们奋发图强的动力。其实，只要我们不抛弃自己，就没有任何人可以将我们抛弃。哀莫大于心死，只要一个人的心不死去，他就永远有生存的勇气，有生活的希望。就算遇到再大的困难他都可以克服。困难不但不能将他击倒，反而会成为他奋发图强的推动力。

罗伯特·巴拉尼于1876年生于奥匈帝国的首都维也纳,他年幼时患了骨结核，由于家境贫寒，没有办法根治，所以他的膝关节永久性地僵硬了。他的父母为此非常伤心，而小巴拉尼却非常懂事。他把自己的痛苦掩藏起来，对父母说："不要为我担心，我完全能做出一个健康人的成就。"

巴拉尼读书一直很用功，由于他的腿不好，每天只好由父母接送。而巴拉尼读书也很用心，他的成绩在班上一直名列前茅。

后来，他考上了大学，进入维也纳大学医学院，并且获得了博士学位。大学毕业后，他便作为一名实习医生留在学校的耳科诊所里工作。由于他工作非常努力，得到了著名医生亚当·波利兹的赏识，

迷茫时，冒险指引你

并对他的工作和研究进行指导。巴拉尼对眼球震颤现象进行了深入的研究，并发表了一系列的论文，引起了医学界的关注。后来，通过实验，他还证明内耳前庭器与小脑有关，并从此奠定了耳科生理学的基础。后来，亚当·波利兹病重，巴拉尼便接任了他所主持的耳科研究所的工作以及在维也纳大学担任耳科教学的任务。繁重的工作担子压在巴拉尼的肩上，他不畏劳苦，不仅出色地完成了这些工作，而且还继续对自己的专业进行深入的研究，并发表了两篇论文。由于他在耳科研究的突出贡献，被奥地利皇家授予爵位，1914年又获得了诺贝尔生理学及医学奖。

巴拉尼一生共发表论文184篇，治疗好了许多耳科绝症。由于他的成就卓著，当今医学上探测前庭疾患的试验和检查小脑活动及其与平衡障碍有关的试验，都是以他的姓氏命名的。

我们每个人都会有一些缺点和缺陷，但这应该成为我们奋发图强的动力，而不是自暴自弃的理由。在这个世界上，每个人都是高贵的。莎士比亚在《哈姆雷特》中对人类赞美道："人类是一件多么了不起的杰作！多么高贵的理性！多么伟大的力量！多么优美的外表！多么文雅的举动！在行为上多么像一个天使！在智慧上多么像一个天神！宇宙的精华！万物的灵长！"所以，我们自己又有什么理由去抛弃自己呢？

生命的可贵之处，就在于它一直都在超越，而在超越的过程之中，也才能迸发出我们人类的智慧。所以，我们应该感谢前进路上遇到的各种挫折，没有它们，我们的生活将会是一潭死水。因此，我们应该用开阔的心胸来看待这一切，没有必要一遇到困难就怀疑自己，抛弃自己。

第二章
做好冒险的准备

抛弃自己，是因为我们不自信。一个有强烈自信心的人是永远不会被困难击垮的。自信心是一个人的精神支柱，他支撑着我们的整个精神世界。《圣经》上说："他在无可指望的时候，因信心仍有指望……他将近百岁的时候……他的信心还是不软弱。"信心是我们心灵的一盏明灯，在它的指引下我们永远都不会迷失自己。它可以让我们在黑夜中看见灯光，在惊涛骇浪中看清方向，在乌云密布时看到阳光。

那么，我们如何才能建立起自信呢？

首先，要进行积极的自我暗示。自我暗示是内在力量的爆发，你不断地向大脑中输入一种观点，那么这种观点就会被大脑所接受，并做出相应的反应。比如你告诉自己"我很优秀"，那么这种观点就会在你的心里扎根，而其他的观点只能位于从属地位。哪怕你遭受了失败，你也不会轻易地去否定自己，怀疑自己。而怀疑是一个人成功的最大敌人，它会破坏你的信心和勇气，还会扼杀你的智慧。因此，必须将这些心理垃圾清除，让自己建立起正确的思想。

其次，学会转移注意力。当我们的头脑中产生一些消极的思想时，就要及时转移自己的注意力。比如女人在心情不好时便会上街购物，或者找朋友诉苦。男人情绪低落时就会从事一些体育运动，让自己不再去想那些烦心事。而你的注意力转移之后，原来的那些消极思想便不复存在了。

再次，自我激励的镜子技巧。具体做法是：站在镜子面前，镜子不需要很大，只要能看见自己的上半身就可以了。然后对着镜子说出自己想要得到的东西，并大声地鼓励自己。我们总会有这样的感受：当我们得到别人的夸奖时，就会变得特别有精神，特别自信。镜子技

迷茫时，冒险指引你

巧就是运用的这个方法，大声对着镜子中的那个人说话，而你也就相当于看见一个人在不断地对自己说话，在不断地鼓励自己。

让我们树立起信心，学会欣赏自己、爱自己，那么，我们必将会走出自卑的阴影，让自己生活在阳光下。

■ 培养积极心态

　　培养了积极的心态，你就会发现，在世界上所有的人和事物中，对你来讲最重要的人只有一个，那就是你自己。积极的心态可以让我们肯定自己、相信自己，而这是潜能发挥的必要条件。因为一个人如果连对自己的信心都没有，那么在困难面前就更容易选择逃避。

　　心态是决定潜能开发的一个很重要的因素。一个心态好的人，对生活也就更加充满信心，承受挫折的能力也就越强，行动起来也就更加积极，他们成功的概率也就越高。美国的一份调查报告表明，美国合法移民中成为百万富翁的概率是土生土长的美国人的4倍，而且不管黑人、白人或任何种族的人，也不论男女，都是这种状况。为什么会这样呢，原因就是这些人在面对困难时更加积极。

　　具有积极心态的人有着强烈的自信心，他们会在所发生的一切中寻找最有利于自己的结果，他们不断地将劣势转化为优势。哪怕周围是一片黑暗，他们也可以让自己在其中寻找到希望。

　　在一所学校里，有一个男孩的性格开朗而又乐观，而且尤其爱好运动，是校足球队的主力。但是，不幸却悄然降临到他的头上。他的腿上长了一个恶性肿瘤。他不能再走路了，更为糟糕的是，医生告诉他必须把这条腿锯掉，以防止癌细胞的扩散。老师和同学们知道这件事后，都到医院看望他、安慰他。但没想到的是男孩比谁都乐观，他对前来看望他的同学们说："出院后，我就可以将袜子用图钉钉在腿

迷茫时，冒险指引你

上，而你们却办不到。"

手术后，他出院了，他再也不能像以前那样在赛场上驰骋了。但他实在舍不得离开球场，于是便找到了教练，问他是否可以让自己当球队的管理员。在练球的几星期中，他每天都会准时到球场，而且是风雨无阻，替队员们做些工作。他的乐观和坚强深深地鼓舞了大家，于是大家在球场上也就踢得更加的卖力。

一天，他没有到场，教练和其他的同学都非常着急。后来才知道原来他又去医院检查了。当他回来后，脸色越发苍白，但他仍然带着微笑，每天都准时来到球场。后来，大家才知道，他的生命只剩下6周的时间了。他的父母一直都瞒着他，因为他们希望在这最后的时刻，他们的儿子可以活得快快乐乐、无忧无虑。所以，男孩又回到了球场上，继续为大家服务，为队员们加油鼓励。因为他的鼓励，他们的球队在整个赛季中保持了全胜的纪录。为了庆祝胜利，他们举行了一场联欢，但是男孩却由于身体状况没能参加。

几周后，他又回到了队员们中间，脸上仍然带着阳光般的微笑。但是，这次脸色却越发苍白，几乎没有任何血色。教练和队员们都问他为什么没有来参加晚会，因为那是为他专门举办的，而他却说自己遇到很重要的事情，实在脱不开身。之后，大家又谈论到下个季度的赛事，然后大家互相道别。

男孩走到门口，忽又停下，用一种恋恋不舍的目光望着大家，然后说了一句："各位多保重，再见！"

"你的意思是说我们明天见，对不对？"教练问。

男孩的眼睛里闪着光，然后又露出阳光般的笑容："是的，明天见。不用替我担心，我没事。"说完之后，便离开了。

第二章
做好冒险的准备

两天后,男孩离开了人世。

原来他早就知道自己的期限,但是他却一直微笑着面对生活。

或许你会说在这里积极的心态似乎没有激发出什么潜能,没能帮上他什么忙。这并不完全对,因为凭着信仰的力量,他在最坏的环境里却依然让自己活得那么乐观。他没有办法去延长自己的生命,但是却可以让自己在有限的生命里活得更加洒脱,更加有意义。他没有自暴自弃,也没有怨天尤人,更没有让自己生活在绝望无助里,他甚至还再用自己那微薄的力量为大家带来了温暖和快乐。他把勇气、乐观和希望留在每一个认识他的人的心里。尽管他的生命结束了,他却永远活在别人的记忆中,你能说他的一生失败了吗?

人生,就是生活。一个人能够享受到生活的快乐,就说明他的生命没有白白浪费。积极的心态可以让我们在生活中更加有力量,有勇气,因此也就可以更加有信心去克服所遇到的各种困难。就算我们没有办法改变,也可以坦然地接受,让自己更好地享受到人生的乐趣。

当然,培养积极的心态并不是一朝一夕就能做到的,但是只要你意识到了这点,愿意耕耘并培植它,那么它就会在你的生活中发挥力量,让你一步步地走向成功。

第三章

目标是你冒险的基础

> 目标是修建成功大厦的蓝图，目标不仅仅是追求的结果，而且在整个人生的旅途中都起着十分重要的作用，目标是成功之路的里程碑，它所起的作用是十分积极的。目标是自己努力的依据，还是不断进取的鞭策。

第三章
目标是你冒险的基础

■ 选对你的目标

比利时一家杂志，曾对全国60岁以上的老人做过一次问卷调查，调查的题目是："你最后悔的是什么？"结果，有67%人后悔年轻时错误地选择了职业。

我们每个人都有各自的才能，我们身上的才能就像是我们的天职，我们做什么？是生命的质问，如果一个人位置不当，用他的短处而不是长处去生活，他就会在永久的卑微和失意中沉沦。

职业对于我们的重要可以用下面这个比喻来形容。就像要把一块方的木头塞进一个圆孔里一样别扭，在这样的情况下，我们有两种选择，找到一个方孔，也就是变换自己的环境，使其适合我们的需要；或者就是把自己改变成一个圆的木头，去适应环境。

很多人会选择后者，选择改变自己去适应环境，似乎这样的成本更低，更何况环境是很难改变的。但是随着时间的流逝，在一个不合适自己的环境中削圆自己，适应环境，也许他们因此能比较舒适地生活，但是很可能和原本属于自己的成功失之交臂。

"瓦特，我从没有见过你这么懒的年轻人。"祖母这么对小时候的瓦特这么说，"念书去吧，这样你才能有用一些。我看你有半个小时一个字也没有念。你这些时间在干什么？把茶壶盖拿起又盖上，盖上又拿起这是干什么？你用茶盘压住蒸汽，还在上面加上勺子，忙忙碌碌的，浪费时间玩这些幼稚的东西，你不觉得羞耻吗？"

迷茫时，冒险指引你

祖母不止一次地教训瓦特，让他老实点念书。幸亏这位老妇人的教训失败了，全世界从她的失败中受益匪浅。

伽利略是被送去学医学的，但当他被迫学习解剖学和生理学的时候，还暗藏着欧几里德几何学和阿基米德数学，偷偷地研究复杂的数学问题。当他从比萨教堂上发现钟摆原理的时候，他才18岁。

英国著名将领兼政治家威灵顿小的时候，连他母亲都认为他是低能儿。他几乎是学校里最差的学生。别人都说他迟钝、呆笨又懒散，好像他什么都不行。他没有什么特长，而且想都没想过要入伍参军，在他父母眼里，他的刻苦和毅力是他唯一可取得优点。但是在他46岁的时候，打败了当时世界上最伟大的将军拿破仑。

我们应该问一问自己到底要做什么，很多大学刚毕业的青年虽然对未来充满了向往，但是普遍的问题就是对自己定位不清，在网上海投简历，成了面试多次的"面霸"，而刚刚参加工作，或者不断地从一家公司换到另一家公司。有一位工作不久的小姑娘，在不到3年的时间里跳槽了8次，却仍然无所适从。许多的朋友都有过类似的经历，总是怀疑自己付出的努力得不到好的结果。

我们对自己定位不清是因为我们对自己不够了解。专家对定位作了比较深刻的研究，提出了很多科学的建议。要彻底分析自己，准确评价自己，对自己的性格、个人能力、专业技能、思维能力等各方面全面考虑清楚。

首先要"定向"，方向错了，距离目标就会越来越远，还要重走回头路，付出较大的代价；其次是"定点"，就是在个人发展的地点，比如有些人毕业选择去大城市，有些选择到中小城市发展，有的选择去边疆、大西北。这主要是从个人的情况考虑。最后是"定

第三章
目标是你冒险的基础

位"，要对自己的水平、能力、心理承受能力等进行全面分析，越全面越好。不悲观，把自己定位过低；不高估自己，期望值不要过高。

做好定位以后循序渐进，逐步积累经验，谋求更好的发展。

迷茫时，冒险指引你

■ 给自己定位

这个世界总是为那些有目的、有准备的人留着一条路的。如果一个人有目标，知道自己前进的方向，那么他和那些游荡不定、不知所措的人相比，将取得更大的成就。没有明确的目标，没有为实现目标去努力，就不可能有进步，最后终将如竹篮打水一场空。

人生就像游海峡一样，只有先给自己一个定位坐标，才能沿着坐标前进，这样才能达到海峡的彼岸。

34岁的美国妇女弗罗伦丝·查德威克是横渡英吉利海峡的第一位女性。完成这项壮举之后，她决定向另一个距离更远的海峡卡塔林纳海峡挑战，即从加利福尼亚海岸以西21英里的卡塔林纳岛游向加州海岸。如果她的壮举能成功的话，她将成为第一个游过这个海峡的女性。

1952年7月4日清晨的太平洋洋面，笼罩在浓雾中。那天早晨，海水冻得她身体发麻，雾很大，她连护送船都几乎看不到。她一个人坚定地游着。千万人在电视上看着。时间一分一秒地过去了，已经15个小时了，她还在加利福尼亚西海岸及附近游着。在以往这类渡海游泳中，她的最大问题不是疲劳，而是刺骨的水温。

终于，她感到又累又冷，她知道自己不能再游了，就请求拉她上船。随船的教练及她的母亲都告诉她海岸很近了，不要放弃。但她朝加州海岸望去，浓雾弥漫，什么也看不到！

最后，在她的请求下（从她出发算起15小时55分之后）人们把她

第三章
目标是你冒险的基础

拉上了随行的船,其实这时她离加州海岸已只有半英里远了!

后来她总结道,令她半途而废的不是疲劳,也不是寒冷,而是因为在浓雾中看不到目标。

"说实在的,"她对记者说,"我不是为自己找借口,如果当时我看见陆地,也许就能坚持下来。"

迷茫的目标,动摇了她的信念。

两个月后,她成功地游过同一个海峡,仍然是游过卡塔林纳海峡的第一个女性,且比男子的纪录快了大约两个小时。

因为这次她有了非常清楚的目标,从而取得了成功。

那么,如何才能实现你的人生目标呢?在你确定目标时,你一定要关注以下问题:

你的自我实现目标是什么?

你有自己的最终理想吗?

你最终的理想是什么?

你的潜能与你的理想匹配吗?

你的资源和环境还容许你实现更大的理想吗?

为了回答这些问题,我就举一个例子来说明目标的明确性吧!

有个人要到纽约去,他起了个大早,匆忙赶路希望能在天黑之前到达纽约。

没过多久,他看见一个开汽车的年轻人,连忙拦住他问:"请问从这儿到纽约还有多远的路?"年轻人回答:"大概30分钟吧!"这个人又说:"能让我搭个便车吗?"年轻人头也没抬就答应了。这个人很高兴,心想,终于可以歇歇酸疼的脚了!过了大约30分钟,这个人感到有点儿不对劲,他四处张望,仍然没有一点儿都市的影子,

迷茫时，冒险指引你

他疑惑不解地问年轻人："还有多远到纽约？怎么一点儿也看不见大都市的影子呢？"年轻人这时才说："现在还要一个小时才能到纽约，我的车可是刚从纽约出来。"这个人气急败坏地说："什么？你不是去纽约？"年轻人平静地说："你又没问我到哪儿去，这能怪谁呢？"

这虽是一个笑话，但它却告诉我们：目标不明确是很难到达自己的目的地的。一个人要想成就一番事业，就必须为自己树立一个远大而明确的目标，这样才有可能成功。

这正如拿破仑·希尔所说："没有目标，不可能发生任何事情，也不可能采取任何步骤。如果个人没有目标，就只能在人生的路途上徘徊，永远到不了任何地方。"

生命目标是对于所期望成就事业的真正决心。目标比幻想更贴近现实，因为它似乎易于实现。

正如空气对于生命一样，目标对于成功也有绝对的必要。如果没有空气，没有人能够生存；如果没有目标，没有任何人能成功。没有目标，不可能发生任何事情，人们也不可能采取任何步骤。如果一个人没有目标，就只能在人生的旅途上徘徊，永远到达不了任何地方。所以对你想去的地方先要有个清楚的认识。

你想想这种情况吧！你想想那些人终生无目的地漂泊，胸怀不满，但是并没有一个非常明确的目标。你是否现在就能说说你想在生活中得到什么？

进步的企业或组织都有10年到15年的长期目标。经理人员时常反问自己："我们希望公司在10年后是什么样呢？"然后根据这个来规划应有的各项努力。新的工厂并不是为了适合今天的需求，而是满足5

年、10年以后的需求。各研究部门也是针对5年或10年以后的产品进行研究。

　　人人都可从很有前途的企业学到一课，那就是：我们也应该计划10年以后的事。如果你希望10年以后变成怎样，现在就必须变成怎样，这是一种重要的想法。就像没有计划的生意将会变质（如果还能存在的话），没有生活目标的人也会变成另一个人。因为没有了目标，我们根本无法成长。

　　确定你的目标可能是不容易的，它甚至会包含一些痛苦的自我考验。但无论要花费什么样的努力，它都是值得的。因为没有目标，我们的热忱无的放矢，无处依归；有了目标，才能有斗志，才能开发我们的潜能，才能使我们的愿望变成现实，才能一步一步地走向成功。

迷茫时，冒险指引你

■ 目标是动力的源泉

设定一个合适的目标就等于达到了成功的一半。目标明确，成功的动力才能源源不断。明确目标是成功的第一步，也是最重要的一步。

假设有两个人一起爬楼梯，一个要爬到6层，另一个要爬到12层。当爬到6层的时候，第一人已经累得不行了，连连说自己再也爬不动了。而那位要爬到12楼的人则仍然有力气向上爬，因为目标在暗示着他，离12楼还有一半，现在不能停下来，一定要鼓起劲继续向上爬。

有个男孩出生在一个杂技演员家里，他从小就经常跟着父亲到处跑，一个剧场接着一个剧场地去演出，由于经常四处奔波，男孩学习成绩并不出众。

有一次，老师布置作文，题目是人生的理想。男孩子很兴奋地描述着自己的理想，那就是想拥有一座属于自己的剧场。他洋洋洒洒写了10张纸，他仔细画了一张设计图，上面标有舞台、观众席等等，甚至在剧场旁边造出了一幢酒店，用来接待那些著名的剧团。

他满怀希望地将这个蓝图交给老师。可是同学们看到后，就笑话他：这根本不是理想是白日梦，没有钱，也没有家庭背景，可以说什么都没有，盖座剧场是个需要花很多钱的庞大工程，要花钱买地买设备和请剧团，简直就是白日做梦，还是写个比较靠谱的理想比较好。

父亲看了他的理想，鼓励说："儿子，这是非常重要的决定，你应该有你自己的主意。"于是男孩子把这份作文好好地保存了起来。

第三章
目标是你冒险的基础

30年过去了，城里来了一个著名的杂技剧团，大家都去看了精彩的演出，当年的孩子们都已经长大，他们都带了自己的孩子去看杂技表演。他们发现剧团的团长就是他们曾经嘲笑过的那个要建自己马戏团的男孩子。他们也许忘记了，但是马戏团的设计就是按照当年的作文而建造的。

目标是修建成功大厦的蓝图，目标不仅仅是追求的结果，而且在整个人生的旅途中都起着十分重要的作用，目标是成功之路的里程碑，它所起的作用是十分积极的。目标是自己努力的依据，还是不断进取的鞭策。

制定和实现目标就像一场比赛，随着时间的推移，实现了一个又一个目标，在不断进步的过程中，自己的思考方法和工作方式就会渐渐改变。目标应该是具体，可以实现的，如果目标不具体，就无法衡量你的计划是否实现了，这样就打击了自己不断创造进取的积极性。

因为目标是动力的源泉，如果无法知道自己向目标前进了多少，就会泄气，并可能半途而废。

迷茫时，冒险指引你

■ 制定明确的计划

目标使我们看清方向，它赋予我们把握自己命运的方法，把我们引向充满机会和希望之途。若能依循梦想的方向，满怀信心地前进，并竭力去过自己所憧憬的生活，便能获得出乎意料之外的成功……你若在空中造成了楼阁，你的努力便不会迷失；楼阁原该在那里，现在只需在它们下面打基础。

在我们达成了自己所期望的目标后，如果我们还要保持以前的热情和冲劲，就要再另外制订出一个能令人产生热情和冲动的目标，如果能使先前达成目标的兴奋心情，不落痕迹地投注到另一个新目标上，让它能够继续成长下去。如果没有成长的动机，我们就会在成功的路上停滞不前，人的老化不始于肉体，而是始于精神。如果一个人把服务社会当成是人生永远的目标，这可以使你不落入失落感的陷阱里。去找一条帮助人的管道，对那些迫切需要帮助的人伸出援手，你的一生将会过得生龙活虎。在这个世界里，你永远不用担心找不到能让你付出时间、精神、金钱、爱心和创造力的地方。

1953年，耶鲁大学对毕业生进行了一次有关人生目标的调查。当被问及是否有清楚明确的目标以及达成的书面计划时，结果只有3%的学生做了肯定的回答。20年后，有关人员又对这些毕业多年的学生进行跟踪调查，结果发现，那些有达成目标书面计划的3%的学生，在财务状况上远好于其他97%的学生。

第三章
目标是你冒险的基础

所以说，如果你没有目标，那么你的一生就会过得平平淡淡。许多人之所以活得那么有劲儿，就在于他有个值得活下去的目标，当那个目标达成后却没有后续的目标，这时他会觉得内心十分空虚，人生变得没有意义。最典型的例子可见之于阿波罗登月计划的那些太空人，在受训期间他们都非常认真且有劲儿地学习，因为在他们面前是个人类历史上前所未有的壮举：登上这块满是神话的处女地。当他们终于登上了月球，极度兴奋之后却是如狂涛般卷来的严重失落感，因为接下去将很难找到像登陆月球这么值得让他们挑战的目标。或许"外太空"的探险之外我们也可以来探险"内太空"，好好研究迄今尚未有多少接触与认识的"人类心灵"。

或许你会说："我的问题就在于没有目标、没有使命。"这话说明了你不了解目标的真正意义。事实上，追求快乐而避开痛苦便是我们人生的目标，所以说，我们是有目标的，只不过得看这个目标是否能促使我们拿出行动，去追求高素质的人生。这正如陈安之所说："一个人会成功，第一个，一定是他的目标明确，第二个，一定是他的使命跟理念非常的清楚。"

遗憾的是，大多数人所追求的目标只在于如何偿付每月恼人的账单，当一个人落到这样的境地就根本谈不上人生规划了。我们要记住，有什么样的目标就有什么样的人生，目标之于我们的人生就好像撒在园中的种子，如果我们不留意，有一天野草就会蔓生，它无须你费神关照，自然会长得又快又多。这就像宾尼所认为的，一个心中有目标的普通职员，会成为创造历史的人；一个心中没有目标的人，只能是个平凡的职员。

用驾车来做比喻。当你进了车子，发动引擎，却不去动方向盘，

迷茫时，冒险指引你

怎么可能到得了目的地呢？你猛踩油门却不碰方向盘，车子当然还是会走，它也会带你到某个地方去，但却不一定会到达你想去的地方。因为，几乎可以百分之百肯定的是，要不了几秒钟，你就撞车了。

曾经有一个年轻人向哈伯德咨询一些职业方面的问题。这位先生举止大方，人也聪明，大学毕业已经4年。哈伯德和这个年轻人谈论了目前的就业情形、受过的教育背景以及人生态度等问题，然后对年轻人说："你找我帮你调换一下工作，那么，你喜欢哪一种工作呢？"

我也不知道，"这位先生说，"这就是我来找你的目的。我真的不知道自己想要做什么。"

哈伯德对他说："除非我知道你的目标，否则无法帮你找工作。只有你自己才知道你的目的地。"这使得这个年轻人不得不仔细考虑自己的才能和目标，接着他们花了两个小时讨论如何树立目标。这就是最重要的一课：出发以前要有目标。也就像一句英国谚语说的："对一艘盲目航行的船来说，任何方向的风都是逆风。"

所以说，为自己准确定位，制定明确的目标，才有可能到达成功的彼岸。如果我们期望潜能得以充分的发挥，就要制订一个长远的目标，如果我们能够做到这一点，我们就能够在挑战目标的过程中发现无穷的机会，使人生攀上另一个层次。这正如美国儿童文学女作家、著名小说《小妇人》的作者露意莎·梅·奥尔科特曾比喻的："在那远处的阳光中有我的更高期望。我也许不能达到它们，但是我可以仰望并见到它们的美丽，相信它们，并设法追随它们的引领。"

人类生活的一个重要动力，就是为实现一定的目标而奋斗。它对于我们每一个人来说都是很重要的。目标是我们行动的依据，没有目标，便无法成长。有了目标，内心的力量才会找到方向。漫无目标地

第三章

目标是你冒险的基础

漂荡终归会迷路，而你心中那一座无价的金矿，也因不开采而与平凡的尘土无异。对个人来说，目标如同人生路上的灯塔，无时无刻不在指引我们前进的方向。清醒地认识自己，为自己的将来制定明确的目标计划，它会帮助我们实现人生的梦想。

约翰出差从纽约到波士顿，他到机场买完票等着上飞机，还有几分钟的空闲。于是乎他走向旁边的一个体重计，踏上去，扔了一枚硬币进去，屏幕上显示了两行字：你的名字叫约翰，体重是一百八十八磅，而且你正要搭乘两点二十分到波士顿的班机。

约翰感到好玩极了，这玩意说的和真实情况一字不差，他大吃一惊。他再次站上去丢了一枚硬币，屏幕上又显示两行字：你的名字仍然叫约翰，体重仍然是一百八十八磅，而且你仍然得搭乘两点二十分到波士顿的班机。

约翰一下子来了兴致，这个聪明的机器让他有点困惑。他想到了一个办法，决定试一试，愚弄一下这个体重计。他走进更衣室，换了衣服，重新踏上体重计，并投入硬币。屏幕上还是出现了两行字：你的名字仍然叫约翰，体重仍然是一百八十八磅，但是你已经赶不上两点二十分到波士顿的班机了。

这是个笑话，我们在生活和工作中同样会犯这样的错误。在我们向目标前进的时候，因为一些无足轻重的事情，影响了整个事情原先的计划。有的人做事东一榔头西一棒子，到头来却发现把正事给耽误了。

在管理学上，有一个著名的手表定律：当一个人有一只手表的时候，他很简单地就知道现在的时间，而如果他有两只不同的手表，却无法确定时间。两只时间不一样的手表并不能告诉一个人更准确的时间，反而让看表的人无法确定，失去了对准确时间的信心。

计划也如此，如果计划中目标不一致，或者有两个以及更多目标，往往减弱了计划的作用。古希腊哲学家说，首先，要有一个明确的构想；其次，用任何可行的方式，诸如智慧、金钱、物质等方法来执行计划；第三，调整所用的一切方法，以达到成功。

确定计划，要尽可能地避开一切干扰，不要让别人打断思路。找一个安静的地方，带上笔和纸：

1. 我具备什么样的才能；
2. 我的激情在什么方面；
3. 我的经历有什么不同的地方；
4. 我希望何种需要得到满足。

类似的问题可以帮助我们完成自己的人生计划。明确地将目标和计划写在纸上，然后开始行动。

第三章
目标是你冒险的基础

■ 细化目标

　　人的目标可以分成多种，它包括工作的、家庭的、人际关系的、健康的、经济收入的等多个方面。目标是阶段性的，不同时期有不同的目标；目标又是兼容的，每个人不可能只有一个目标，同时可能拥有几个目标。将既定目标细化，逐步实现，这是实现目标的一个秘诀。

　　1984年，在东京举办的国际马拉松邀请赛上，日本选手山田本一是一位名不见经传的选手，但他却出人意料地夺得了世界冠军。在他获得这一荣誉后，有记者问他凭什么取胜时，他只说了"凭智慧战胜对手"这么一句话，当时许多人认为这纯属偶然，山田本一在故弄玄虚。

　　两年后，山田本一在意大利国际马拉松邀请赛上再次夺冠。记者又请他谈经验，神情木然的山田本一还是只说了一句话：用智慧战胜对手。

　　面对山田本一简明扼要的回答，许多人对此迷惑不解。

　　10年后，山田本一在自传中解开了这个谜，他是这么说的："每次比赛前，我都要乘车把比赛的线路仔细看一遍，并画下沿途比较醒目的标志，比如第一个标志是银行，第二个标志是红房子……这样一直画到赛程终点。比赛开始后，我以百米的速度奋力向第一个目标冲去，等到达第一个目标后，我又以同样的速度向第二个目标冲去。40

迷茫时，冒险指引你

多公里的赛程，就被我分成这么几个小目标轻松完成了。最初，我并不懂这样的道理。我把目标定在40公里外的终点线上，结果我跑到十几公里就疲惫不堪了，我被前面那段遥远的路程给吓倒了。"

许多人做事之所以会半途而废，并不是因为困难大，而是认为离成功距离较远。正是这种心理上的因素导致了失败，把长距离分解成若干个距离段，逐一跨越它，就会轻松许多，而目标具体化可以让你清楚当前该做什么，怎样能做得更好。

因此，追求人生目标的决心愈坚定，你就更加坚定你克服一切困难的信心。有了坚定的人生方向，可以提高你对于挫折的忍受力。你知道目标逐渐接近，这些只是暂时的耽搁。如果你积极地面对困难，问题就能迎刃而解。

所以说，对目标及实现过程的清晰透彻的认识，必然使你从容不迫，处变不惊。明确的目标能使你最大限度地集中精力发挥潜能。随着你的目标的逐步实现，你就会有成就感，你的心态就会向着更积极主动的方向转变。当你不停地在向自己的目标努力时，你正在一步步地走向成功。

曾有人做过一个试验，组织三组人，让他们分别沿着三个10公里的道路向同一村子步行前进。

第一组人不知道村庄的名字，也不知道路程有多远，只告诉他们跟着向导走就行了，刚走了两三公里就有人叫苦喊累，有人几乎愤怒了，他们抱怨为什么要走这么远，何时才能走到？走了一半的时候甚至有人不愿意再走了，越往后走他们的情绪越低落。

第二组人知道村庄的名字和路程，但路边没有里程碑，他们只能凭借经验计算行程和距离。走到一半的时候，人们就开始讨论他们已

第三章
目标是你冒险的基础

经走了多少路,有的人说大概走了一半的路程,有人说走了三分之一的路程。大家还是簇拥着向目的地走去。当走了四分之三的时候,大家情绪低落,觉得疲惫不堪,没有人知道真正走了多少路程,只觉得目标似乎遥不可及。

第三组队员不仅知道村庄的名字、路程,而且在每一个公里就出现一块里程碑,人们每前进了一段就知道自己离目标还有多少距离。队员们边走边看里程碑,每缩短一公里大家便一阵快乐,心中又轻松了许多。他们甚至在路上唱起了欢快的歌曲,大家都没有疲劳的意思,情绪一直很高涨,结果第三组最先到了目的地。

人生就如同一个不断前行的旅途,我们在每个时候都会有自己要到达的目的地,目的地就是目标,我们通过生活和工作去实现这些目标。我们把计划清楚地表达出来,尽可能量化计划中目标,这样能帮助我们集中精力,用最好的状态发挥出最佳的效率。表达自己计划的时候,我们用梦想和个人信念作为基础,有助于把计划定得具体,且具有现实可行性。

计划能产生作用的关键秘诀在于明确,计划的目标必须明确,目标不应该是某种抽象描述的生活方式,而能用数字、时间等清楚表示的具体事情。只有量化了才能测定,可以测定才能积累。

人生计划不是一蹴而就,而是一个不断前进的过程,计划中一个个量化的标准,如同前进路途中的里程碑和加油站。每个量化的标准都是一次评估、一次安慰、一次鼓励、一次加油。

计划中量化标准对成功有益,能否量化,是目标与空想的分水岭。很多时候,我们不是缺少进步的想法和美好目标,而是缺少坚持的毅力和决心。要实现人生目标,首先需要决心和毅力,而其中也有

迷茫时，冒险指引你

许多让我们坚持的技巧。

当我们把一个长远的目标清楚地表达出来的时候，就需要制定一个明确的计划，明确的计划中就必须要有量化的标准。当我们按照计划中的标准，一步步向我们的目标前进的时候，我们会充满力量。失败只有一种，那就是半途而废，量化自己的目标计划，为的是让我们坚持到最后的胜利。

第三章
目标是你冒险的基础

■ 坚定你的方向

成功不是做了多少工作，而是获得多少结果。目标使我们集中精力，把重点从过程转到结果，从过去转到现在，并面对未来。

安东尼曾经说过："是什么原因使我和我的朋友不如他们？原来差别全在于我们的心态及做法所致，当我们竭尽心力之后依然无法扭转乾坤时，你是怎样的想法？其实，你可别以为成功者的问题就比失败者的少，要想没有问题，那就只有躺在坟墓里。失败与成功不在于先天环境，而在于我们对它所持的态度和做法。"

居里夫人为了找到镭，和她的丈夫在一年的时间里，炼制用了400吨铀沥青矿物、100吨化学药品和800吨水。

由此可以看出，明确的目标能够给我们一个看得见的方向，一个前进的动力。

高德15岁时，听年迈的外祖母感慨地说："如果我年轻时能多尝试一些事情就好了。"高德受到很大的震撼，决心自己绝对不能像外祖母那样留下一生的遗憾。于是，他立刻为自己列出了这一生要做的事情，并称之为"约翰·高德的梦想清单"。

他共写下了127项详细明确的目标。里面包括着10条想要探险的河，17座要征服的山。他甚至想走遍世界上的每一个国家，还想学会开飞机，骑马。此外，他还想读完《圣经》，读完柏拉图、亚里士多得、狄更斯等十多位名家的经典著作和大英百科全书，乘坐潜艇、弹

迷茫时，冒险指引你

钢琴等。高德每天都要看几次自己的梦想清单，里面的内容能倒背如流。

高德的这些目标在半个世纪后的今天来看，仍然是让人感觉难以企及。那么高德完成了吗？在高德去世的时候，他已环游世界四次，实现了127个目标中的103项。他以一生不寻常的设想和完成目标的经历，诉说着自己不寻常的人生。

一个青年，在街上擦皮鞋，他热情地招揽，卖力地擦拭，每天最多能擦30双，除去鞋油和吃饭，最后能剩20元。他琢磨，如果要实现买下对面的那栋楼的愿望，至少要500年，到那时，不仅他没有了，就连对面的那栋楼都没了，这种擦法肯定不行。

一天，他想，假若我组织500个人擦皮鞋，向他们每人每天收4元钱，5年后，我不就可以买这栋楼了吗？于是一个擦皮鞋公司诞生了。5年后，他果然买下了那栋楼。

有一位大学生，在校期间帮人开发程序软件。他白天上课，课余开发，一个财务软件有时一顿饭工夫就能搞掂，才能挣到3000美元，他想，我若成立一个开发公司，雇上几百人，岂不财源滚滚？说干就干，20年后，他果然成了世界上最富有的人。

目标，使我们干起活儿来心中有数，热情高涨；目标，使我们认清方向，勇往直前。不畏劳苦与他人的偏见，一心向着自己目标努力的人，世界也会向他低头、为他让路。只有树立了明确的目标，意志才能发挥作用，就好比舵和帆的关系。盲目的坚持只会在歧路上越走越远，正确的方向不仅可以保证你到达目的地，也可以使你省却很多麻烦。

第三章
目标是你冒险的基础

■ 不断尝试，不断完善

如果要漂亮行动，必须事先有所准备，但是有许多达成目标的所需的计划、准备以及策略规划工作，往往等我们上路，才能进行。我们对于计划需要有类似热导飞弹的弹性，让自己在追求目标的过程中，得以及时视实际状况而改变计划或者调整焦点。

坏的计划比没有计划更加糟糕。实施一个计划会对我们有所改变，而我们必须具有调试能力，可随时修正、改进这个计划。着手做事，不论对错，都会得到反馈，而这些反馈的信息，大多是我们追求成功最初阶段时候，所无法获得的重要参考，在实际行动之后所产生的新资讯，不仅仅能充实我们既有的策略，补足若干先前未曾发现的细节内容，或者还可以指明我们应调整的方向。

"不许修改的计划是坏计划"人生的很多事情相当无奈，每个人在展开新历程之时，都无法了解自己究竟走向什么地方，无法完全清楚，究竟该如何达成目标。

我们边走边学，假如愿意调整方向，则这些新学到的东西会颇有助益。除非我们踏上追求目标的奋斗旅程，否则有一些资讯永远无法在事先的计划中被想起。行动中出现的信息，在我们努力清扫路途障碍的过程中，绽放光芒，发挥作用。惟有在我们按计划向着目标前进的时候，才能在新的资讯中解读出新的机会。

有一些东西，远看很眩目，趋近一看，却平平常常；有些东西远

迷茫时，冒险指引你

看似乎混沌，但越近看越见光彩夺目。人生旅途的景观一直在变化；向前跨进，就看到与初期不同的景观，再上前去又是另一番新的景象。随着自己的知识和经验不断增长，也许我们会发现，早期的人生计划在不知不觉中拓展了。

好些在世界上成就过大事业的人，他们伟大的力量，广阔的心胸，丰富的经验都来自奋斗的结果，是在挣脱不自由，不良的环节，斩除束缚它们的桎梏，求得教育，脱离贫困，执行计划，实现理想的种种努力中获得。在人没有将他生命中最高、最好的发挥出来，没有将他的天赋才能充分发展以前，他的生命不是幸福、快乐的，不管他处境怎样，能够制胜的人总是：不断尝试，不断改进，不断行动。

在计划好之后，先投入战斗，然后见分晓。

第三章
目标是你冒险的基础

■ 目标引导潜能的发挥

没有目标的人，就如在大海中漫无目地行使的一艘船，不会有到达目的地的那一天，反而会有触礁沉没的危险。要想成功，就必须为自己制定明确的目标，因为明确的目标会激发我们的潜能，并最终帮助我们走向成功。

有一个故事"妻子的力量"，说的是一对年轻夫妇外出时丈夫不幸被压在车下，妻子找人帮忙未果，情急之下，妻子俯身抬起车子的一角，并顺手拉出了丈夫。

丈夫得救了，但妻子却懵了：我哪儿来这么大的力气把车子举起来？是目标！是目标使她的行动有了依据，是目标激发了她的潜能，使她做出这种惊人之举来。

这仿佛是个定律，在人生的前方设定一个目标，不仅是一个理想，同时也是一个约束，就像跳高，只有设定一个高度目标，才能跳出好成绩来。

我们每个人都有成功的潜力，也有成功的机会。以辉煌的成就度过人生也好，在败北的屈辱中熬过人生也好，你所消耗的精力和努力的心血，实际都是一样的。

当你确定只走2公里路的目标，在完成1公里时，便会有可能感觉到累而松懈自己，以为反正已经走了一半，已经快到目的地了。但如果你的目标是要走10公里的路程，你便会做好思想准备和其他准备，

迷茫时，冒险指引你

调动各方面的潜在力量，这样走七八公里后，才能会稍微放松一点儿。

所以说，制订一个远大的目标，可以发挥人的极大潜能。另外，在制订这个远大目标时，你一定要问问自己：今天是真正属于我的吗？我的潜能完全发挥出来了吗？我相信你的未来绝不止于目前，现在就请你下定决心，给自己订出一个值得追求的目标吧！

有了目标，你的潜意识开始遵循一条普遍的规律进行工作。这条普遍的规律就是："人能设想和相信什么，就能用积极的心态去完成什么。"如果你预想出你的目的地，你的潜意识就会受到这种自我暗示的影响。它就会进行工作，帮助你到达那儿。如果你知道你需要什么，你就会有一种倾向：试图走上正确的轨道，奔向正确的方向，实现你的需要。于是你就开始行动了。

有了目标，你的工作就变得有乐趣了，你因受到激励而愿付出代价。你就能够预算好时间和金钱了。你愿意研究、思考和设计你的目标，你对你的目标思考得愈多，你就会愈加富有热情，你的期望就变成热烈的愿望。

有了目标，你对一些机会变得很敏锐了，这些机会将帮助你达到目标。由于你有了明确的目标，你知道你想要什么，你就很容易察觉到这些机会。

有了目标，你已了解自己独特、与众不同的一面，开始接受自己有待实践的生命目标。如此一来，你的生命目标可能会带给他人不同的启示。这一切无须外求，无关乎渊博的学识，或丰富的生活经验；你要做到的仅仅是重视自己，并相信自己的生命与其他人同等伟大。

大凡事业有成的人，他们都有两个共同特点：一是明确地知道自己事业的目标；二是不断地朝着目标前进。目标的意义不仅仅是目标本身，它更是我们行动的依据，信念的基础，力量的源泉，专注的核心，追求的境界。美国精神之父爱默生说过："一心向着自己目标前进的人，整个世界都会为他让路。"

所以说，只要我们找到了生命目标，就找到了开发自我潜能的工具，这是开发生命"矿脉"的关键。不论你付出多少，只要尽情发挥自己的潜能，就会体会到生命的意义和成功的喜悦。为了登上生命的巅峰，何不大胆付出，尽情发挥？

迷茫时，冒险指引你

■ 专注做一件事情

我们不难发现，有很多天资聪颖的人都经历了失败的苦痛，其主要原因就是见异思迁，目标不确定，分散了自己的精力。能成大事的商人都是首先确定一个明确的目标，并集中精力、专心致志地朝这个目标努力，直到实现目标为止。

那些成大事者，他们之所以成功，就是因为他们除了追求完美的意志以外，还具备了能够把一切繁琐都去掉的能力。正因为他们具备了这一点，所以他们能够把他自己完全沉浸在他的工作里，除此之外没有别的秘诀。

茨威格是奥地利的著名作家，他曾经讲了对著名雕刻大师罗丹工作的如下见闻和感受。他说罗丹的工作室是一间有着大窗户的简朴屋子，有完成的雕像，有许许多多小塑样：一支胳膊，一只手，有的只是一只手指或者指节，他已动工而搁下的雕像，堆着草图的桌子。这间屋子是他一生不断地追求与劳作的地方。

罗丹罩上了粗布工作衫，就好像变成了一个工人。他在一个台架前停下。

"这是我的近作。"他说，把湿布揭开，现出一座女正身像。

"这已完工了。"我想。

他退后一步，仔细看着。但是在审视片刻之后，他低语了一句："这肩上线条还是太粗。对不起……"

第三章
目标是你冒险的基础

他拿起刮刀、木刀片轻轻滑过软和的粘土，给肌肉一种更柔美的光泽。他健壮的手动起来了；他的眼睛闪耀着。"还有那里……还有那里……"他又修改了一下。他把台架转过来，含糊地吐着奇异的喉音。时而，他的眼睛高兴得发亮；时而，他的双眉苦恼地皱着。他捏好小块的粘土，粘在像身上，刮开一些。

这样过了半点钟、一点钟……他没有再和我说过一句话。他忘掉了一切，除了他要创造的更崇高的形体塑像。他专注于他的工作，犹如在创世之初的上帝。

最后，带着感叹，他扔下刮刀，像一个男子把披肩披到他情人肩上那种温存关怀般地把湿布蒙上女正身像，于是，他又转身要走。在他快走之前，他看见了我。他凝视着，就在那时他才记起，他显然对他的失礼而惊惶："对不起，先生，我完全把你忘记了，可是你知道……"

我握着他的手，感谢地紧握着。也许他已领悟到我所感受到的，因为在我们走出屋子时他微笑了，用手抚着我的肩头。

从这个故事可以看出，正因为罗丹的专注，才成就了他创作出如此惊世之作，才能千古留名。所以说，想法太多，或者要想实现的目标太多，跟没有想法、没有目标其实是一样的有害。我们应该记住的是：不管怎样，生活都不会辜负一个在核心目标上不懈努力的人。这正如茨威格说："再没有什么像亲见一个人全然忘记时间、地点与世界那样使我感动。那时我领悟到一切艺术与伟业的奥妙——专心，完成或大或小的事业的全力集中，把易于松散的意志贯注在一件事情上的本领。"

专注地做一件事情，全身心地投入并积极地希望它成功，这样

迷茫时，冒险指引你

你就不会感到筋疲力尽。林肯专心于黑人奴隶的解放，并因此成为美国一位伟大的总统。伊斯特曼致力于生产柯达相机，这为他赚了不少的金钱，同时也服务了全球数百万人。伍尔沃斯的目标是要在全国各地设立一连串的"廉价连锁商店"，于是他把全部精力花在这件工作上，最终成功地实现了自己的梦想。

不要让他人的言语影响你的决心和行动，也不要让别的事情或想法占据你的思维。把你需要做的事看成是看几本书，一次只能专心致志地看一本书，看完之后再看另一本。不要在你看这本书的时候还想着其他的书，那样做，任何一本书你都看不好。做事也一样，选择最重要的事情先做，把其他的事情放在一边。做得好，做得精，才能体验到工作的乐趣，生活的乐趣。

法国著名作家巴尔扎克年轻的时候，曾经营出版、印刷业，但由于经营不善，他的企业破产了，并欠下巨额债务。债主经常半夜来敲他家的门，警察局发出通缉令，要立即拘禁他。那时的巴尔扎克居无定所，后来实在没有办法，在一个晚上，他偷偷搬进巴黎贫民区卜尼亚街的一间小屋子里。

他隐姓埋名，躲进这间不为人知的小屋子里。他坐在书桌前认真思索、反省：多年来，自己一直游移不定，今天想做这，明天想干那，始终没有集中精力做一件事情。想着想着，他顿悟，从储物柜里找出拿破仑的小雕像放在书架上，并写了一张小纸条贴在上面：彼以剑锋创其始者，我将以笔锋竟其业。巴尔扎克选择了自己最喜欢的文学创作，并致力于其中，最终用笔征服了全世界。

每个人一生都有几个目标要实现，但一个人的精力毕竟是有限的。专注于一个核心目标，一次只专心地做一件事，你终会有所成就。

众所周知，1936年荣获诺贝尔生理学及医学奖的勒韦是美国的著名医师及药理学家。他在1873年出生于德国法兰克福的一个犹太人家庭。他从小喜欢绘画、音乐和艺术，并且在这些方面都具有一定的水平。因为勒韦的父母是犹太人，所以勒韦从小就深受各种歧视和迫害。对于这一点，他的父母也是心有余悸的，于是就不断敦促儿子不要学习和从事那些涉及意识形态的行业，要他专攻一门科学技术。他们认为，学好数理化，可以走遍天下都不怕。

勒韦在父母的教育下，从进入大学学习时，就放弃了自己原来的爱好和专长，进入施特拉斯堡大学医学院学习。

在学校里，勒韦是一位勤奋志坚的学生，他不怕从头学起，他相信专注专一，必定会成功。他带着这一心态，很快进入了角色，他专心致志于医学课程的学习。心态是行动的推进器，他在医学院攻读时，被导师的学识和专心钻研精神所吸引。这位导师叫淄宁教授，是著名的内科医生。勒韦在这位教授的指导下，学业进展很快，并深深体会到医学也大有施展才华的天地。

勒韦从医学院毕业后，他先后在欧洲及美国一些大学从事医学专业研究，在药理学方面也取得较大进展。由于勒韦在学术上的成就，奥地利的格拉茨大学于1921年聘请他为药理教授，专门从事教学和研究。在那里勒韦开始了神经学的研究，通过青蛙迷走神经的试验，第一次证明了某些神经合成的化学物质可将刺激从一个神经细胞传至另一个细胞，又可将刺激从神经元传到应答器官。他把这种化学物质称为乙醚胆碱。1929年他又从动物组织分离出该物质。

勒韦对药理及医学上做出了重大贡献，尤其是对化学传递的研究

迷茫时，冒险指引你

成果更是一个前人未有的突破，因此，1936年他与戴尔获得了诺贝尔生理学及医学奖。

从勒韦的成功来看，尽管他是一个犹太人，但他还是成为了杰出的教授和医学家。虽然他在人生的过程中，也如其他犹太人一样，在德国遭受了纳粹的迫害，当局把他逮捕，并没收了他的全部财产，被取消了德国国籍。后来，他逃脱了纳粹的监禁，辗转到了美国，并加入了美国籍，受聘于纽约大学医学院，开始了对糖尿病、肾上腺素的专门研究。勒韦对每一项新的科研，都能专注于一。不久，他这几个项目都获得新的突破，特别是设计出检测胰脏疾病的勒韦氏检验法，对人类医学又做出了重大贡献。

所以说，专注于你的目标，即使你在做的是一件最微不足道的事情，都会变得有意义。在工作中，往往有员工失去目标，而使工作变得乏味，使生活失去意义。有目标的人在工作中总是能够创造更大的价值，获得更长足的发展。因此要牢牢记住你的目标！牢牢记住你的使命！

第四章

信念是冒险的资本

> 什么样的信念决定什么样的人生。这句话并不是危言耸听,只是通过它来传递一种希望。希望那些失败的人、正在奋斗的人、想获取大事业的人能够更好地在社会中肯定自己,让自己在精神上立于不败之地。

第四章
信念是冒险的资本

■ 无穷的信念力量

什么样的信念决定什么样的人生。这句话并不是危言耸听,只是通过它来传递一种希望。希望那些失败的人、正在奋斗的人、想获取大事业的人能够更好地在社会中肯定自己,让自己在精神上立于不败之地。

罗曼·罗兰曾经说过这样一句话:"没有信念,就没有脊梁骨。"信念,是决定我们的命运的一种精神力量。拥有信念就意味着我们对所从事的事坚信不疑,意味着我们自己强大的决心,也意味着我们对自己的人生完全负责。

"世间任何事都可以改变,只要你拥有要改变它的信念就一定能成功。"这是我常常说的一句话。

任何人都想自己的生活能越来越好,至少比现在更好些、更快乐些。然而,改变现状让你达成目标的根本动力就是信念,信念能让你越过一道又一道坎坷的鸿沟,让你拼搏奋斗。有一部分人常常把"知足者常乐"的处世格言挂在嘴边,其实,他们只是在为自己无力改变现状而找借口罢了。

美国第三十七届总统罗斯福是美国上唯一一位连任四届总统的人。可是有多少人知道罗斯福在39岁时患了小儿麻痹症、双脚僵直、肌肉萎缩、臀部以下全都麻痹了?那时,罗斯福的亲友们都对他失去了信心,因为他作为民主党的副总统候选人参加竞选失败也正是这个

迷茫时，冒险指引你

时候。这种沉重的打击对于别人来说是致命的，但是罗斯福总统那不屈服于命运的坚强意志使他比以前任何时候都更加坚强。他不相信这种小孩子的病能打败他。为了活动四肢，他经常练习爬行；为了激励自己的意志，他把家里人都叫来看他爬行，甚至还把自己刚学会走路的儿子也叫来和他进行比赛，每一次下来，罗斯福都累得气喘吁吁。亲人看着罗斯福那催人泪下的场面都心如刀绞，可是谁又能想到他能在未来的日子里当选美国第三十七届总统呢？

罗斯福总统的事正好应验了那位震撼世界的科西嘉人所说的一句话："不可能这个词只在庸人的词典里才有。"

对于一位在摔跤、滑水、游泳、掷铁饼、掷标枪和田径赛等体育项目中获得了全国和国际性比赛共计一百多枚金牌的人，很多人可能都认为，这个运动员一定是一个健全而高大的人。有谁会相信他两岁半时双眼就失明了呢？

事实确实如此，这位运动员两岁半时双眼就失明，而他在母亲的鼓励和父亲的帮助下，以自己身体的各个部分的"肌肉记忆"代替了那双明亮的眼睛，经过多次的努力、奋斗，他创造了许多健全者都难以做到的奇迹，也改变了盲人只能靠拐杖生活的惯例，这位运动员就是麦克法兰。

像罗斯福总统和麦克法兰这样的例子还有很多，他们的成功都有一个同共的特点：一切的成功都是从不可能开始的。这也是信念的力量。

每个人的信念都源自于自己的内心，但是，燃烧起自己内心的那点火花，往往是靠与别人的摩擦才产生的。

我们每个人来到世上都是一样的，只是出身的环境有富有贫，可是在生命结束的时候，出身富贵的人可能落魄而终，而出身贫寒的人

第四章
信念是冒险的资本

却风风光光。这是为什么呢？贫寒的人通过奋斗得到了自己想要的，而那些出身富贵的人却安于现状，到头来一事无成。这种现象就是我们内心信念的强弱所产生的结果。

坚强的信念能使一个平庸的人有所成就，然而一个平庸的人最缺乏的也是信念。所以当我们点燃了信念的导火索后，就会爆发出前所未有的力量，这种力量会使我们造就无数的奇迹、辉煌。

一个人拥有什么样的信念就能拥有什么样的人生。当你怀有积极、坚强的信念时，往往会有种无形的力量让你亢奋不已，而那些失去了信念的人则刚好相反，他们会把所有的不好都集中于自己身上。

诺贝尔化学奖的获得者之一奥托·瓦拉赫，他的成功历程非常有戏剧性。他从选择文学，到油画，然后再到机械，可是他都没有这些方面的天赋。在这种情况下，许多老师都认为奥托·瓦拉赫成才无望，连他自己都失去了信心。但是奥托·瓦拉赫遇到了他的化学老师，他的化学老师认为他很有这方面的天赋，无奈之下父母接受了这个建议。这次奥托·瓦拉赫找到了自己的天赋，他的智慧火花在化学方面得到闪现。正是因为老师的鼓励使他树立了坚强的信念，他的获奖也证明了一句话：什么样的信念，什么样的人生。

没有什么力量能操纵你的命运，除了你自己。所以，个人信念的力量是无穷的，在我们拥有积极坚定信念的同时，我们还要不失时机地去体贴别人，让别人也树立信念，这样世界才会变得更加美好！自己的生活也会变得更美满、幸福。

迷茫时，冒险指引你

■ 自信是心中的明灯

记得一位名人曾经说过这样一句话："如果我们分析一下那些卓越人物的人格品质，就会看到他们有一个共同的特点：他们在开始做事前，总是充分相信自己的能力，排除一切艰难险阻，直到胜利！"

心理学家研究发现，自信是人们心中的明灯。正是如此，成大事者总是能走好明灯照亮的路。因为自信，他们就会比别人更早、更容易找到成功的钥匙。自信就成了他们成就大事的催化剂。

梁启超说过："凡任天下大事者，不可无自信心，每处一事，既看得透彻，自信得过，则以一往无前之勇赴之，以百折不挠之耐力持之，虽千山万岳，一时崩溃而不以为意。虽怒涛惊澜，蓦然号于脚下，而不改其容。"

自信是对自我能力和自我价值的一种肯定。在影响自学的诸要素中，自信是首要因素。有自信，才会成功。

美国橄榄球教练杰米·约翰逊说："相信自己能赢，就一定能赢。"他说："无论我是把一个球员当作一个胜利者看待，还是将整个球队看作一支冠军队，或者是将教练助理视为甲级队中最聪明、最勤奋的教练助理，关键是我树立起了整个球队的自信，这才是我们能赢的真正动力。"

"相信自己能赢，就一定能赢"，这就是教练杰米·约翰逊仅经过短短的四个赛季就把一支失魂落魄的橄榄球队塑造为全美超级杯冠军队的秘诀。

第四章
信念是冒险的资本

真正的自信，能鼓舞士气，渡过难关；能战胜失败，克服恐惧；能产生实现目标的力量。自信不是被动地等待，而是主动地出击，就像机器必须要运转才能产生作用一样，主动的信心才能一无所惧。许多我们看似难以实现的成功往往都是建立在自信的基础之上。

中国姑娘彭丹，考上了英国牛津大学博士，但是她却在参加面试时同导师激烈地辩论起来。教授很生气，整个走廊都能听到他们的争吵。

"就凭你那个实施方案，我马上就可以指出不下十个错误。"

"这只能表明这个方案不成熟，要是你接受我成为你的学生，我自己可以把这个方案改得完美。"

"你想要我指导一个反对我的理论的研究生吗？"

"我是这样想的。"

这一番争吵后，彭丹心里想："牛津大学不会录取我了。"但是，没想到，秘书在宣布录取名单时读到了"中国的彭丹小姐"。这时，阿加尔教授站了起来，当着众人的面对她说："你看，我的孩子，你骂了我两个小时，但我还是决定要你。因为，我要你尽情地在我的支持下反对我的理论，如果事实证明你是错的，我将十分高兴。如果你是对的，我将更加高兴。我希望我死时，你能成为比我更好的心理学家。"

可见，自信对一个人来说有多么重要。它能变被动为主动，由劣势变成优势。信心的力量是巨大的，有了自信，就有了顽强的精神和意志，从而战胜自己，战胜重重困难。

莎士比亚说过："自信是成功的第一步。"当你满怀激情踏上自学之路时，请带上自信出发；当你遇到学习压力或考场失败时，请找回自己并重新树立你的自信；当你考场取胜时，成功会坚定你的自

-107-

迷茫时，冒险指引你

信。心中有自信，成功就会有动力。

自古以来，哪一个伟人不是雄心勃勃？他们为了心中神圣的正义和理想，无怨无悔、勇往直前，即使是身陷挫折，甚至希望近乎渺茫之际，他们也一直保持着自己的信心。他们认为：星星之火，可以燎原。满怀的信心始终激励、鞭策着他们不畏艰难，逐步发展壮大。他们认为肯定会实现自己的宿愿，最后果真实现了，从而踏上了新的人生舞台。

在20世纪前期，"实行社会主义制度，解放全中国"一直是共产党人所追求的神圣目标。而经过长征后的中央红军只剩下三万余人，作为坚定的马克思主义者的中国共产党没有灰心丧气，他们适时制订出了正确的重大决策，及时补充了红军队伍，壮大了军队力量，带领全国人民经过浴血奋战、艰苦奋斗、自力更生，不断发展壮大。在抗日战争胜利后，又经过了三年多的人民解放战争，打垮了国民党八百万人的庞大军队，从而迎来了中国人民新的历史一页，如今中国共产党则成为了全世界最具影响力的执政党之一。

在祖国经济蓬勃发展的今天，有的人腰包鼓了以后，就自以为了不起了，就自以为目标已经达到顶点，他们会幼稚地以为自己将永远辉煌，自己的家业将永远蒸蒸日上，再也不会与贫困为伍了。于是他们趾高气扬，把从前艰苦朴素的作风忘得荡然无存：忘记了曾经居住的陋室，忘记了曾经吃的粗茶淡饭，忘记了骄阳下无奈的汗水……他们动不动一餐数千，甚至在赌桌上一掷千金，而在亲朋好友面前却是铁公鸡一个——一毛不拔，甚至颐指气使。他们利令智昏，对于慈善事业看不到他们的半点影子。逐渐地，随着时间的流失，管理的不善，财富的浪费，终有坐吃山空的那一天，人的生活由穷至富容易适

第四章
信念是冒险的资本

应，由富返贫可想而知。

其实，上面是一种小富即满、即安的意识，他们的信心仅仅是建立在占有一点小财富上面，在他们眼里除了这一点小财富之外，其余的都可以事不关己、高高挂起，结果失去了他们的所有。而那些胸怀大志的人可不这样，他们成大事，做大业。比如：我国的爱国华侨领袖陈嘉庚先生，他的一生既闪烁着爱国主义的光辉，又有着俭朴廉洁的美德。他的志向、他的信念是救国救民于水火之中，他曾经慷慨无私地捐出上千万元的钱来支援祖国的抗日战争、兴办教育事业等。而他自己的生活却非常俭朴，据说他的住宅很小，其工作室内陈设更为简单朴素：他的办公桌是两张式样不同的沙发，并在旧沙发上搭一块木板，就在上面起草文件和阅读书报。就连他的衣被和鞋子都是缝补过的。连他经常穿在身上的棉背心也是抗日战争时期做的，即使在一些开会场合也穿着它。他认为：该花的钱，即使数目巨大，也一定要花；不该花的钱，一分也不能花。另外，还有李嘉诚、霍英东等等，他们的信心和理想不再一一列举。总之，他们的一生为社会做出了巨大的贡献，他们人性的光辉将永被后人纪念。

美国前总统比尔·克林顿出生在美国阿肯色州霍普镇的一个普通人家。与许多出身豪门的总统们相比，他家境贫寒，出身卑微，而且政治上也没有什么门路。但他是一个非常执着和信心十足的人。

少年时的他非常关心社会大事，注意国内外重要新闻。母亲用自己工作加班的补贴款买了一台黑白电视机。电视机播放的新闻大大启迪了他。他还特别羡慕总统是全国陆海空三军总司令，同时集国家元首和政府首脑的权力于一身。

一次，他和同学们一起参加夏令营活动。夏令营的组织者们为了

迷茫时，冒险指引你

使青少年更多地关心政治、关心国家，别出心裁地在这个森林峡谷中组织了一次"总统"模拟竞选。竞选的原则是公开平等，其方法是先按学生的意愿分成两个"党派"，并且各自委任"内阁成员"，然后依照美国法律规定的大选程序进行公开竞选。

克林顿以极大的热情参加"竞选"，对于这位心怀"总统之梦"的未来总统，这真是一次难得的绝妙的演习场所。经过一系列的角逐，有的被选为"参议员"，有的当选为"州长"，敢于出人头地的克林顿，有着更高层次的目标，最后竞选为"共和国"的"总统"。于是，在"总统"克林顿率领下，当选的"参议员""州长"等"领导人"获准到华盛顿旅游，参观白宫，并接受当时总统肯尼迪的接见。

在参加接见的那一天，他们来到了白宫的玫瑰园，肯尼迪总统微笑着与同学们一一握手，并合影留念。肯尼迪总统对克林顿说："我从报上读到了你很有特色的'竞选演说'。"

这时，比尔谦虚地回答说："我对美国的文化、社会研究不深，有些东西可能不对吧？""你敢于提出来，就应该受到鼓励。"肯尼迪总统亲切地笑了，说，"你们是美国未来之星，世界美好的明天属于你们。"

这次总统的接见，对克林顿的影响很大。这使他坚定了自己要成为美国总统的信心，他施展着个人的聪明才智和政治技巧，在32岁的时候成为美国历史上最年轻的州长，46岁的时候击败了总统老布什，当选为美国总统，登上了美国最高的政治舞台，四年后并获得连任。

可见，信心有多大，舞台就有多大。信心把克林顿成功地送入了白宫，信心让克林顿总统在当政时期，美国经济持续繁荣，使他成了

第四章
信念是冒险的资本

最受欢迎的总统之一。

信心会使我们激起挑战人生的力量和潜力,当我们攻克了一个个小的目标时,会进一步坚定我们的信心,从而使我们再面对阻力的时候,就会想尽一切办法去克服,这时成功也在情理之中了。

迷茫时，冒险指引你

■ 用信念战胜恐惧

　　不论是什么样的恐惧，都是我们的仇敌。只要心怀恐惧，我们所有的快乐都将慢慢失去，使许多人变为懦夫，使许多原本可以成功的人遭受失败。然而，信念是打败恐惧的最好武器，是让我们勇敢的精神支柱。

　　一年前，我去朋友家玩，那天我们玩得很晚。夜里12点左右，我们关了灯，播放一些不知道他们从哪儿租来的VCD，其中有两盘叫《山村老尸》，那是两张鬼片，看了片里的一些情景我心里有些害怕。

　　第二天我在家睡了一天，下午醒来已是晚上7点多了，吃完饭后，拿着书又到了床上看起来，很不巧由于临时修理电缆所以停电两小时。突然的停电让我想起了昨天晚上看的电影，瞬间我周身的毛孔都长大不少，越想越紧张，吓得我赶紧把被子往头上拉。十多分钟过去了，我一直闷在被子里，大汗出了一身。如此又过了十多分钟，我的心里已经平静了，也不像开始时那么害怕了。

　　当时，我就在心里想，有什么好害怕的啊！我就不信那些东西还真能跑出来把我吃了，如果真有那么回事大不了就和他拼老命，于是大着胆子把被子拉开，用打火机照着在家里巡察了一遍。当电灯亮了以后，我感觉很失望，可是转眼一想，我又对自己有了信心，毕竟我打败了恐惧，还让我知道了信心可以战胜任何恐惧与害怕。

第四章
信念是冒险的资本

是啊！有一句话是这样说的："人吓人吓死人。"其实我们有些时候往往是自己在吓自己。恐惧是意志的地牢，如果你让恐惧占据了你的心灵，那么，他们就会给你带来迷信，这种迷信是一把利剑，他能慢慢地刺杀你的灵魂。

生活中，恐惧主要有几种：恐惧失败、恐惧风险、恐惧社会、恐惧年老、恐惧死亡、恐惧批评。无论这些恐惧当中的哪一种，如果你让它占据了心灵，那么，它将劫夺你所有的快乐，使你越来越胆小，越来越懦弱。

有人说，恐惧是一种无形的杀手，它会使一个人的勇气和创造力消失，会毁灭一个人的个性，使心灵变得软弱。如果我们在工作中遇事就恐惧，那么我们的工作状态一定非常差，其工作效率也会降到很低。

其实恐惧之所以能打败我们，使我们不敢前进，甚至害怕，是因为我们的心智受到了恐惧的左右。当我们拥有坚定的信念，无视这种恐惧时，信念就会产生出隐藏在我们身上的力量，使我们不再恐惧，并做出一些意想不到的事来。

其实，只要你自己不被恐惧的心理打败，就没有任何人或任何事物可以击败你。生活中，我们不应该把自己局限在狭窄的范围内，应该发现真正的自我。还要知道，我们每个人都有创造的潜能，只要我们在遇到困难或者危险时能冷静而正确地思考，就能产生有效的行动，最终创造出让我们吃惊的奇迹。

迷茫时，冒险指引你

■ 坚信办不到

世上只有想不到的事，没有做不到的事。只要你有坚定的信念，始终坚持向着自己梦想的方向前进，不可能就不会出现在你的字典里。

我们看看下面这个故事，通过这个故事，我们可以得到以上的启示。

王晓晓曾经是一名警察，也是队里唯一的女警，21岁就以优异的成绩进入了刑侦大队。可是一次事故改变了她的一生。

在王晓晓进入刑侦大队的第二年，队里接到一个围堵大毒犯的任务。在山区里，毒犯已经被部队围困了三天，在这三天里毒犯没有一点动静，于是队里准备让小分队进去侦察，王晓晓正好在那个小队里。队长怕王晓晓出事，极力反对她参加侦察任务，可是王晓晓坚持要去，她的理由是一名警察不能遇事就退缩，再困难也不能让罪犯逍遥法外。

这一次的侦察活动很成功，毒犯让王晓晓三枪毙命，但是王晓晓也被罪犯的子弹打中。当王晓晓醒来时，她意识到自己的下半身已经没有一点感觉了，当医生告诉她，她的下半身已经永久性瘫痪了时，王晓晓伤心地哭了。

那天晚上王晓晓问自己：我是奋发向上，还是灰心丧气地活着？最后，王晓晓选择了奋发向上，因为她对自己的能力仍然坚信不疑。第二天同事看到王晓晓时，她已经不再伤心了，她对同事说："虽然我已经不能再走路了，但是我还可以做一名教师啊！我小时候的理想

第四章
信念是冒险的资本

就是不能做警察也要做一名教师。"

几个月后，王晓晓出院了，她为了自己的理想，坐着轮椅开始向一些学校提出申请，希望能到学校里工作，就算做一名学校的体育顾问也行。可是王晓晓已经瘫痪了，而且她没有经过任何教师培训，学校认为她连最基本的楼台都无法上去，根本不可能做一名教师。对于这位曾经三枪击毙毒犯的英雄来说，她为了自己做教师的信念，根本不把学校的拒绝放在心上，她仍然向其他学校递交申请书，终于在两个月后，有一家学校愿意聘用王晓晓，让她担任一名语文代课老师。

由于王晓晓教学有方，她很快得到了学生们的尊敬和爱戴。那些昔日不喜欢学习的学生也开始对学习产生了兴趣。为此，许多教师都请教她的方法，她只是对这些教师说："其实每一个学生都有感兴趣的事，只要抓住他们的兴趣就什么事都好办了。"

就这样，几年过去了，在此期间王晓晓还获得了市高级教师的职称。

是啊，任何一件事情最终能否做成，关键在于做事者对"可能"与"不可能"的认识。只有那些拥有自信的人，才可能成就那些不平凡的事业。通过王晓晓的故事，我们又认识到了信念的重要性：只要拥有积极的信念和努力奋斗的精神，一切困难都可以克服。

中国的长城、埃及的金字塔，如果这些建筑没有呈现在我们的眼前，只是出现在记录或者图片上，我们会相信以几千年前的科技水平能建造出这样伟大的奇迹吗？所以，任何一个人都要相信自己的力量，不要受周围环境的影响，只要你能够毅然地前进，成功之门就会为你打开。如果你对自己的能力存在着严重的怀疑和不信任，那么，许多事你都不可能做成功，也不可能成就那些伟大的事业。

迷茫时，冒险指引你

维克托·弗兰克尔曾经是纳粹德国集中营中的一位幸存者，他说过这样的话："在任何特定的环境中，人们还有一种最后的自由，就是选择自己的态度。"换句话，我们可以理解成一个人是否能成功，关键在于他的态度，成功人士与失败者之间的差别只在于成功人士始终用最积极的思考、最乐观的精神和最丰富的经验支配和控制自己的人生。失败者刚好相反，他们的人生是受过去的种种失败与疑虑引导和支配的。

所以，永远也不要消极地认为什么事情是不可能的，只要你对自己拥有信念并加以努力，不可能的事也会变成可能。

第四章
信念是冒险的资本

■ 信念是目标成功的内驱力

信念，是保证我们一生追求目标成功的内在驱动力量。信念的最大价值也是支撑我们对美好事物的追求，只要有了坚定的信念，就没有做不到的事。我们每一个人都应该相信自己，只有相信自己才是最高的信念，也只有相信自己才能相信自己的决定，才会坚持自己的追求，才会在挫折面前与之周旋，建立一种不达目的誓不罢休的心理。

给自己一个正确的评估，是实现成功最重要、最基本的条件。看看那些成功者的历史，他们总是从心里确信自己存在的价值。我们始终要相信"天生我材必有用"。

著名的胡达·克鲁斯老人在95岁的高龄时还登上了日本的富士山，此举打破了世界纪录，因为她是攀登此山年龄最老的一位。胡达·克鲁斯老人是在70岁以后才开始练习登山运动的，在随后的二十多年时间里，她攀登了许多世界名山。

胡达·克鲁斯老人的故事给我们这样的启示：影响我们自己的不会是环境，也不会是我们一生中所遇到的任何挫折，只在于我们拥有怎样的信念。

任何一个人，只有接纳了自己，才能融入社会这个大家庭里，才能真正喜欢别人，并相信自己能够有所成就。只有接纳自己的人才能产生动机、设定目标、具有积极的思想，只有相信自己才能得到成功。那些对自己失去信心的人，他们只看到别人的成就，而看不到自

迷茫时，冒险指引你

身的潜力。

有一个年轻的小伙子，他高中毕业以后到了大城市。他在一年之内找了十多次工作，可是每一次都让老板炒了鱿鱼。

经过多次的打击后，小伙子对自己失去了信心，他认为自己是一个没用的人，什么事都做不好，这样的生活还有什么意义呢？年轻人越想越伤心，他最终作了一个决定——跳河自杀。当年轻人走在河边的街道上时，一道醒目的牌子映入了眼帘，牌子上写着：某医院急需A型血救命。

看到这个，年轻人想，我正好是A型血，反正都要死了，还不如救人一命。于是年轻人找到了那家医院，经过检查，医院抽用了年轻人的鲜血，那位病人也得到了很好的医治。

当年轻人刚要走出医院时，又是一道启事把他挽留了下来，因为一名和他差不多年龄的小伙子需要换一部分肝，如果得不到及时治疗，这个小伙子将活不过两天。年轻人又一次充当了救世者，他毅然把自己的肝献了一部分出去。

半个月后，年轻人在医院里恢复如初，当他要走出医院打算继续去自杀时，他所救治的两位病人在家人的陪同下进来了。他们每人都带了数十万元的支票，以感谢这位救命恩人。这时年轻人才知道，他所救的两个人是两家大集团总裁的公子和女儿。他心里立刻想开了，原来自己这么有用，只是自己一直都看不起自己，不相信自己。明白了这个道理，年轻人心里的阴郁荡然无存，换来的是自信、积极和一种强大的力量。

年轻人很想退回两位病人所提供的报酬，但是在两位病人及其家人的力劝之下收下了。在未来的几年内，年轻人用那些报酬创办了自

第四章
信念是冒险的资本

己的公司，公司也得到了迅速的发展。

所以，一个人生命中什么都可以缺少，例如失去一双眼睛还能像麦克法兰一样，用全身的肌肉来替代；失去一条手臂或者一条腿，还有身体其他的部位可以替代。只是我们不能失去对自己的信心，很多时候，信心甚至会重过我们的生命。

坚定的信念，能使平凡的人做出不平凡的事。坚定的自信是成功的源泉。一个人不论才干多么大，天资多么好，成功仍然建立在坚定的信念之上，只有相信自己一定能够成功，才能有所成就。

一个士兵为了给拿破仑送信，把自己的马累死了，但是士兵不畏劳苦最终把信送到了拿破仑的手中，拿破仑接到信后立刻写了回信让士兵带回去，并且把自己的马让给士兵骑，当士兵看到那匹马时，被马的雄伟、身上的装饰打破了信心，他对拿破仑说："将军，我只是一名小小的士兵，我不配骑这样高贵的马，请您给我一匹士兵用的马吧！"

"不，士兵，你要记住，世上没有任何东西是法国士兵不配拥有的。"拿破仑对士兵说。

士兵愣了几秒钟之后，神情一变，自信地骑上了拿破仑的骏马奔驰而去。后来，这名士兵成了一位非常出色的指挥官，他的士兵每一位都充满了自信，在战场上每次都是大获全胜。

所以，自信是人们从事任何事业最好的资本，它能帮助我们克服许多挫折与困难，排除路途中的种种阻碍，让我们走向成功。

迷茫时，冒险指引你

■ 给希望一对翅膀

成功学家拿破仑·希尔认为：你过去或现在的情况并不重要，你将来获得什么成就才最重要。除非你对未来有理想，否则做不出大事来。人无远虑则必有近忧。如果你有目标、有希望，你就能从现实中超脱出来，摆脱眼前的烦恼，迎来美好的明天。

希望其实就是一个愿望，一个美丽的梦，因为有它的存在，人活起来才不会感到空虚，也许希望会实现，也许不会，它和愿望可以划等号。它是人生的目标，激发了人生的动力，希望就是理想的一种心理状态，是对未来的一种美好向往和憧憬。

有人还说希望是失败者对成功的一种渴求；希望是死对生的一种企盼；希望是寒冬对春的一种向往；希望是人生的钟摆，须臾停止不得；希望是太阳升起的地方，光芒四射……

以上这些说法都不错。

如果你低下头表示失望，那么昂起头便是希望。希望的路，千条万条；希望的河，处处可入海洋。希望还是什么？还是优美动听的歌；还是奇丽无比的小诗；还是令人神往的意境；还是朝露、晚虹、阳光……

早些年在老家的时候，在我家的隔壁，住着一位孤苦伶仃的老奶奶。她26岁的时候，丈夫外出做生意，却一去不返，是死在了乱枪之下，还是病死在外，还是像有人传说的那样，被人在外面招了养老女

第四章
信念是冒险的资本

婿，都不得而知。当时，她唯一的儿子只有5岁。

丈夫不见踪影几年以后，村里人都劝她改嫁。没有了男人，孩子又小，这寡守到什么时候是个头？但她没有，她说，丈夫生死不明，也许在很远的地方做生意，没准哪一天发了大财就回来了。她被这个念头支撑着，带着儿子顽强地生活着。她甚至把家里整理得更加井井有条。

这样过了十几年，在她的儿子17岁的那一年，一支部队从村里经过，她的儿子跟着部队走了。儿子说，他到外面去寻找父亲。不料儿子走后又是音信全无。有人告诉她说，她儿子在一次战役中战死了，她不信，一个大活人怎么能说打死就打死呢？她甚至想，儿子不仅没有死，而且做了军官了，等打完仗，天下太平了，就会衣锦还乡。她还想，也许儿子已娶了媳妇，给她生了孙子，来的时候是一家子人了。

尽管儿子依然杳无音信，但这个想象给了她无穷的希望。她是一个小脚女人，不能下地干活，她就以自己的方式拼搏着：做卖绣花线的小生意，辛勤地奔走四乡，积累钱财。她告诉人们，她要挣些钱把房子翻盖了，等丈夫和儿子回来的时候住。

有一年她得了大病，医生已经判了她死刑，但她最后竟奇迹般地活了过来，她说，她不能死，她死了，儿子回来到哪里找家呢？

这位老人一直在村里健康地生活着，今年已经满百岁了，直至现在，她还干着她的绣花线生意，她天天算着，她的儿子生了孙子，她的孙子也该生孙子了。这样想着的时候，她那布满皱褶的沧桑的脸上，即刻会变成像绣花线一样绚烂多彩的花朵。

每一次见到这位老人，我都会有无限的感慨。一个希望，一个在世人看来十分可笑的希望，一直滋养着她的人生，支撑着这样一个脆

-121-

迷茫时，冒险指引你

弱的生命在苍茫的人世间走了几十个春秋。

因此，没有什么比希望更能改变我们的处境。当我们身处厄运的时候，当我们败下阵来的时候，当我们面临一场巨大灾难的时候，我们都应该将人生寄托于希望。希望会使我们忘记眼下的失败和痛苦，给自己的人生重新插上飞翔的翅膀。

第四章
信念是冒险的资本

■ 信念让我们战胜挫折

　　积极的信念引导我们战胜挫折、困难，越过失败，让我们看到成功之后的阳光。信念不仅仅是我们看问题的角度，还是我们认识世界的一种方式。只有信念坚定的人，才能守住生活的定律。人生最大的悲哀莫过于失去信念。积极的信念常常能够创造出奇迹，它可以让许多看似不可能的事变成现实。

　　石油大王洛克菲勒曾说过这样一句话："即使拿走我现在所有的一切，只要留给我信念，我就能把失去的夺回来。"虽然洛克菲勒的话并没有被证实，但是，我们一定要相信，信念的巨大力量影响着我们每个人的生活，因为有信念就没有失败。

　　有一位老人，他患了癌症，已经是晚期了。他家里的亲人都守在他的身边，可是他还有一个最疼爱的小女儿未归来，家人都很着急，可是怎么也联系不上。几天过后，老人已经不行了，但是他仍然一息尚存。就这样，几天过去了，小女儿来到老人的床前，悲痛地呼唤着父亲，老人缓缓地睁开了他那双已经陷进去的双眼。当他看到小女儿时，他脸上出现了一丝微笑，然后缓缓地闭上了双眼，带着这最后的微笑飘然而去。是老人一定要见到小女儿的信念在支撑着他的生命。

　　我们在电影中经常都会看到，一个正义之士，他们往往是最后倒下的，在坏人没有死之前，他们无论受伤多重都会挺下去。例如成龙

迷茫时，冒险指引你

所演的《神话》里有这样一个情节，成龙回忆在秦朝战死时，他把自己的身体用一把剑支撑住，死后也不倒下。这就是一种信念，因为他不想让自己倒下，要做一个永远站立的人。

信念是成功的起点，是托起人生的坚强支柱。我们的一生不可能是风平浪静、不经历一丝风雨的。例如那些天生就有残疾的人，他们靠着坚强的信念走向了成功，创造出常人难以创造的奇迹。所以，信念对于那些有志者来说，是成功的法宝和精神的寄托。

张海迪是中国家喻户晓的人物。她用自己瘫痪的身躯从零开始做起，如饥似渴地吸取知识，最终成就了她伟大的事迹。究其原因，是因为她具有积极的信念，知道如何用这种信念来激发自己的热情，来改变命运。

美国的菲尔德先生四次铺设电缆失败，在众人的反对下，他依然进行了第五次铺设，最终他发出了第一份横跨大西洋的电报。肯德基的创始人经过一千多次的被拒绝，最终也获取了成功。他们的成功都是与坚定的信念分不开的。

可见，信念对人生的影响有多么大。信念是一种来自于心灵深处的力量，坚定的信念会使人产生十足的动力，它就像人生旅途中的灯塔一样为我们指引着前进的方向。

有信念就没有失败，正是因为大多数人失去了坚定的信念，所以他们才失败了。他们不能充分地相信自己，甚至认为自己无法成功。试想，这样的人能赢得成功的青睐吗？

如果你是一个梦想成功的人，那么，你必须首先树立一种必胜的信念，当你拥有了这种信念时，你就拥有了一种征服的自信，一切的成功都会随着你的自信而到来。

第四章
信念是冒险的资本

里根总统在做播音员时就立志要成为总统，从文艺转向政治的他几乎一点经验都没有。但是里根总统最终还是进入了白宫，达成了他的愿望。为了打败他的竞争对手，他曾与对手在电视屏幕上举行长达一小时之久的辩论，在辩论中他面带微笑，把自己的演说能力发挥得淋漓尽致，因为里根总统对自己充满了自信，他知道，一个人的信心能使一个白手起家的人成为一个巨富，也能让一个身有残疾的人创造出奇迹，更能让他实现自己的愿望，最终里根成了美国第四十届总统。

树立坚定的信念是成功的秘诀，拿破仑曾经说过："我成功是因为我志在成功。"如果拿破仑没有立下这个目标，他就不会有坚定的决心与信心，当然他的成功也是不可能的。

记得有这样一句话："信念的力量在于即使身处困境，也能帮助你扬起前进的风帆；信念的伟大在于即使遭遇不幸，也能让你鼓起生活的勇气，继续走下去。"信念，就是一团藏在心底而且永不熄灭的烈火，在任何时候，只要你善于发挥这团烈火的力量，你将会得到意想不到的收获，走向成功也就指日可待。

迷茫时，冒险指引你

■ 信念让你拥有力量

如果每个人都能坚信自己能够成功，那么一点失败、一点挫折又算什么！不管条件多么恶劣我们也能获得成就，这就是信念所产生的结果。

挫折、困难、失败、贫穷、失业都无法打垮拥有坚定信念的人，这些反而能为他们提供一个跳板，让他们很快地站立起来，而且站得更加挺直。张其金曾说过："不论多么艰苦，你都应该坚守信念，因为这个信念决定你的将来。"

信念是让人腾飞的力量，对于那些立志成功的人来说，信念非常重要。它能够激发人们潜意识中沉睡的热情、精力和智慧。当你树立了坚定的信念时，这些沉睡的热情、精力和智慧就会爆发出来，让你在工作中获得巨大的财富与事业上的成就。

莉莉是一个小山村的女孩，在18岁那年，她只身一人来到了大城市上海，从此她开始了在异乡奋斗的历程。

初到上海这个人才济济、竞争激烈的大城市，生活对于莉莉来说是残酷的。她举目无亲，一个人默默地奋斗，她多次饱尝思乡的痛苦，也得过重病，有一次生病晕倒在自己的小平房里，要不是邻居的小狗叫了几声，可能永远都醒不过来了。她还面临长时期的失业，在那段时间里，她好几天都不敢买点吃的，因为她身上的钱根本不够自己吃几次。她曾经想过放弃，可是她想成功的信念让她留了下来。

第四章
信念是冒险的资本

转眼十多年过去了，这时的莉莉已成了一个服装公司的老板。回想那十多年的奋斗，莉莉始终没有放松对自己的要求。初中毕业的她用晚上的时间自修，经过自己的努力奋斗，她通过了汉语言文学的自学专科和本科考试。后来，她还出版了用业余时间写的书籍。

有人问莉莉，在那些年里，是什么支撑她走下来？莉莉这样说道："一直支撑我继续向前走的力量是信念。这么多年我始终坚持着向好的生活前进的信念。"

是啊，在我们前进的路上，有许多挫折与困难在阻碍着我们，当我们畏缩不前时，只有蕴藏在心底的信念才能让我们重拾信心，带给我们力量，让我们披荆斩棘、奋勇前进。

想想我们身边那些为自己的梦想而努力奋斗但最终却得不到结果的人们，他们失败最重要的一个原因就是因为他们缺少了信念，从而丧失了应有的斗志。电视连续剧《亮剑》中八路军独立团团长李云龙就是一个怀有极高信念的人，虽然李云龙大字不识几个，但是他的信念使他带着自己的战士所向披靡、战无不胜，这正是他在剧中所说的"亮剑精神"——在任何时候都不要畏缩的信念。

我在前面就说过一句话：信念是你最有力的武器。其实，信念不只是你最有力的武器，也同样是你最大的敌人。在武器与敌人之间，关键还是取决于你自己的选择。当你拥有积极的信念，相信自己必胜时，信念的力量会帮助你扫清前方道路上的一切阻碍；当你拥有消极的信念认为自己是一个失败者时，即使你是一位天才，也要遭受失败。

美国的著名学者威廉·詹姆斯说过这样一段话："只要怀着信念去做你不知能否成功的事业，无论从事的事业多么艰难、冒险，你都一定能够获得成功。"换句话，我们可以这样说，能保证成功的不是

迷茫时，冒险指引你

知识，也不是教养、经验、金钱，这些东西只能是一种辅助的物质，只有信念才是成功的真正原因。

■ 信念是生命延续的希望

对于一个有志者来说，信念是立身的法宝和希望的长河；对于所有人来说，信念是生存的希望。当你被困难碰得头破血流时，信念是支撑你走下去的唯一力量。

有一对情人，他们划小船出海游玩，很不幸，他们遇到了小型龙卷风，这场突如其来的灾难使这对情人迷失了方向，并且把他们吹到了离海岸很远的地方，他们只能看到一望无际的大海，根本望不到海岸线。

由于出来游玩时没有准备玩很长时间，他们只随身带了一瓶矿泉水。看着那瓶静静躺在小船上的矿泉水，青年男子开心地笑了，他对满面愁容的女朋友说道："你看，我们还有一瓶矿泉水，相信我们会很快获救的。"

女朋友在男朋友的带动下也开心起来了，为了节省体能消耗，他们两个静静地抱在一起，都不说话。每当干渴、饥饿时他们会用矿泉水的小盖倒一些水喝下去。就这样，他们在海上漂了三天。看着瓶里越来越少的矿泉水，女朋友已经对生存失去了信心，但是男子仍然一脸笑容，他又对女朋友说："放心吧！我能感觉到，我们明天一定能获救。"

就这样又过了一天，在这一天中，他们没有喝过一点水，只是象征性地把嘴放在瓶口处沾一点水。第五天，他们终于获救了，瓶子里

迷茫时，冒险指引你

的水还有五分之一。

这就是信念的力量！是信念的力量让这对情侣生存了下来。

通过众多成功者的事例，我们可以得出这样一个结论：成功者在开始做任何一件事之前，对自己总是充满了自信，他们深信自己一定能够把这件事情做好，因为这样的心态，所以，他们在做事的时候，很容易把自身所有的精力都投入工作中，冲破一切艰难险阻，把所有挫折与困难都踩在脚下，直至胜利的到来。

拿破仑·希尔说过："信心是生命和力量；信心是奇迹；信心是创立事业之本。"大凡获取成就的人，他们都有过碰壁、失败、挫折，但是坚定的信念使他们跨越了这些阻碍。就像上面所说的那对情侣，如果没有那瓶矿泉水他们还能在五天后活下来吗？正是因为矿泉水带来的信念，让他们有一种生存的信念、生存的希望，所以他们最终获得了成功。

一次煤矿爆炸让四名生存下来的受害者深刻认识到了信念的重要性，也是这次经历让他们几年后都成为一方富豪。

对于那次事件，有一个生存者回忆道："那天，我们四个人在矿井里工作，突然一声爆炸，我们的矿井塌了下来。队长是一位40多岁的大哥，他立刻让我们往深处走，我和另外两个同事都才20多岁，我们很惊慌，听了他的话急急忙忙地往深处跑，当矿井不再坍塌时，我们已经退到了矿井的另一端。

状况稳定后，我们四人你看看我，我看看你，在我们心里都认为自己死定了，因为那里的空气只够我们四人正常使用两天左右，而我们要获救最快也要三天时间。小队长安慰了大家几句后，对我们说，要尽量减少体力消耗，不要浪费一点氧气，还让我们大家都平躺在地上。

第四章
信念是冒险的资本

第一天，我们只感觉到肚子饿、口干。到了第二天，我们大家都感觉到氧气在慢慢地减少，而且呼吸也越来越困难了，算算时间，我们至少还要6个小时左右才能得救，可是这6个小时能支撑过去吗？当时我手上戴着一只表，另外两个同事时不时地问我过了多长时间，在那种情况下，时间过得很慢，当他们听到我说过去5分钟、10分钟时，大家都非常绝望，有个同事已经开始在墙壁上写遗书了。

队长看到这种情况，把我的表拿了过去，并且对我们说以后他会半小时报一次时间。由于我就躺在队长的旁边，所以每次队长打开手电筒看表时我都能清楚地看到。第一次过了20分钟队长就说已经过去半小时了，我很疑惑为什么队长要骗大家呢？第二次，队长准确地报了时间。第三次过了50分钟才给大家说过了半小时。第四次、第五次时，每过一个半小时队长才给我们说过了半小时。在第五次过去半小时左右我们获救了。

后来，我们问队长为什么要骗大家，他对我们说："我要给你们一种生存的信念，如果我每次都按时告诉你们，你们会在心里造成一种压力，在这种情况下会让你们对生存失去信心，也会使你们本应该支持6小时而变成3小时……"队长说到这里，我们大家都明白了。

是啊，信念是生存的希望，如果我们失去了信念，就会对自己的生活失去信心，这样的生活还有什么意义呢？

第五章

冒险需要行动

> 人生犹如一条隔着的两岸，现实是此岸，理想是彼岸，中间隔着湍急的河流，行动则是架在河流上的桥梁。要想有所获取就记住这句话：行动才有收获。

第五章
冒险需要行动

■ 立即行动

中国有句古话,叫作"机不可失,时不再来"。意思是说机遇是转瞬即逝的,在它到来时一定要紧紧抓住,否则就不会再有机会了。这就要求我们要养成立即行动的习惯。

凡是成事之人,没有一个不是善于抓住转瞬即逝的机会的,现代社会尤其如此。当今社会,通讯技术高度发达,谁先抓住机会,谁就抢先一步,谁就能够成功。有人甚至说,现在社会比的不是学历,不是资本,不是社会背景,而是比一个人的眼光和行动力。你比别人更善于发现机会,比别人更早一步行动,那么你就会成功。的确,人生伟业的建立,不在于能知,而在于能行。我们发现身边有不少的天才,他们头脑灵活,思维敏捷,处事也很圆滑,但事业上却总是徘徊不前。也许他们收入也相当不错,但是凭他们的智慧,他们原可以过得比现在更好,事业上比现在更有成就。仔细分析一下原因,可能就会发现他们性格中有败笔之处,那就是没有立即行动的习惯。无论你有多么伟大的理想,多么美好的愿望,除非你去付诸行动,否则一切都只能是空想。

如果能做,就立刻行动。这是所有成功人士的共识。有个叫麦克的孩子,从小就有个梦想,那就是走遍美国,进行探险。他从小就喜欢运动,而且也从来就是想做就做。当他还在读小学的时候,就打算给自己买副网球拍。于是他便利用课余的时间,到周围去捡一些垃

迷茫时，冒险指引你

垃圾罐，然后再将它们卖掉，结果用了一个暑假的时间，便实现了自己的愿望。后来，他上了高中，同学中经常有些人每天都骑摩托车上下学。他见了很是羡慕，于是便打算买辆摩托车。他又利用课余时间找了三份兼职工作。后来，他利用自己打工赚来的钱买了一辆摩托车，但当时他根本就不知道怎么骑它。

他开始学习骑车，每天骑着它上下学。一有时间，他便骑着自己的摩托车四处逛。他从来没有忘记自己小时候的那个梦想，那就是走遍整个美国。

之后，他又换了几辆摩托车，并独自骑着它去阿拉斯加，征服了2000多公里布满沙尘的公路。后来，他又一个人骑车穿越了西部荒原。

在他23岁那年，他对自己的家人和朋友说要骑车穿越美国。他的父母和朋友们都不同意，认为他疯了，但是他却不想放弃，因为他觉得自己如果现在不去，以后将不会再有时间。于是他不顾众人的反对，一个人骑上车出发了。他的行装很简单，只有一点钱、一个电筒、一把防身的匕首，还有一张地图。

行程是艰苦的，他遇到了很多困难，有时要穿过荒无人烟的沙漠，有时要穿过茂密的丛林。有时好几天都见不到一个人影，只有他自己寂寞地骑着车，听着拂过耳畔的风声。有时还会遇到毒蛇猛兽，好几次他都与死神擦肩而过。那的确是一次伟大的冒险。

后来，他多次回想起那次经历、那些冒险。那个夏天，让他难忘，麦克觉得它在自己的心中具有举足轻重的地位。他也很庆幸自己能在那个时候实现自己的梦想，不然的话他将不会再有机会，他不可能再骑着摩托车去走访同样的山路、同样的河流、同样的森林了。因为在那次冒险之后两年里的一个晚上，他骑车回家时被一个喝醉酒的司机撞倒，导致下身瘫痪。

所以，每当他回忆起自己的那次探险经历，心中都会充满了感激，他感到自己非常的幸运，因为他可以在他有能力的时候实现自己的梦想。每次，他都会对周围的人说："想做，现在就做。因为你不能指望下一秒钟和现在一样能经过同样的地方，做同样的事。"

迷茫时，冒险指引你

■ 思想需要实际行动

好思想并不能换取成功，有着好的思想，还要有实际行动，成功的关键在于一个人明确的行动，否则，即使思想再好也只能是空想。

苏格拉底是一位出名的思想家，有一个年轻人问过他这样一个问题："苏格拉底先生，你能成为出名的思想家，成功的关键是什么呢？"

苏格拉底想都不想就回答："多思多想。"

年轻人满怀"心得"，一路跑着回家。在家里，年轻人每天都躺在床上，望着天花板，一动不动，他在想苏格拉底给他的心得"多思多想"。

就这样，年轻人在床上一睡就是两个月，妹妹很担心，于是跑去找苏格拉底，她对苏格拉底说："苏格拉底先生，求你去看看我哥哥吧！两个月前，他从你那回到家，就像中了魔一样，一直睡着不起，也不说话。"

苏格拉底到了那人的家中一看，只见年轻人变得骨瘦如柴，拼命挣扎着起身，可怎么努力也坐不起来。年轻人对苏格拉底说："我每天除了吃饭，一直在思考，你看我离成功还有多远？"

"你每天除了在床上思考，还做了一些什么呢？或者，你每天都思考一些什么问题。"苏格拉底问。

"我每天都在思考，想的东西太多了，因为一直在思考，所以我

第五章
冒险需要行动

什么都没有做。"年轻人答道。

"你这个蠢货，你不知道吗？只想不做的人只能生产思想垃圾。成功是一把梯子，双手放在口袋里的人能爬上去吗？"苏格拉底大声说道。

年轻人很委屈地回答："不能。"

"那你还做这样的蠢事，有着好思想，还要有实际行动，否则即使思想再好，也只能是空想。"苏格拉底说。

我们想要得到发展，就一定要讲究方法，除了会干与能干外，还要学会表现自己，只有这样我们才会得到别人任用。当然，在我们表现自己的过程中，如果我们有了目标，我们就要立即行动。一个人只有采取积极的行动才能带来积极的效果。如果我们有了目标不付诸行动，我们最终将一事无成，只有我们付诸行动，我们才能为我们所在的公司创造真正的价值，才能获得丰硕的回报。

另外，我们的回报也不是一日就能得到，而是经过长时间的努力而获得的，这就像砍伐一棵大树一样，只有我们无数次地挥舞斧头，才能有一点点的进展，才能砍倒大树。如果在砍树的过程中，我们只挥舞几次，那根本就砍不倒大树。在树倒下的时候，很多人认为是最后一击才把大树砍倒下的，其实，你错了，因为在大树倒下之前的积累，才使大树被砍倒。

所以说，只有行动才会产生结果。这就像我们砍大树一样，在我们每次挥舞斧头时，看上去的效果非常不明显，甚至在你看来是多么的微不足道，但在整个过程中，每一次都是非常重要的。如果用一句话来概括就是：只有行动是成功的保证。任何伟大的目标，伟大的计划，最终只有依靠行动才能实现。

迷茫时，冒险指引你

拿破仑说过："想得好是聪明，计划得好更聪明，做得好是最聪明又最好。"

良好的心态、明确的目标都是成功的关键因素之一，如果这些只是相当于给一辆赛车加满油，清楚了前进的方向和线路，那么行动就是把车开动起来，并保持足够的动力。

亚力山大大帝在进军亚细亚之前，决定破解一个著名的预言。预言说的是谁能够将朱庇特神庙的一串复杂绳结打开，谁就能够成为亚细亚的帝王。在亚历山大大帝到来之前，这个绳结已经难倒了各个国家的智者和国王。亚力山大大帝知道，如果不能把这个绳结打开，将影响到军队的士气，这对一个军队来说非常重要。

在绳结前，亚力山大大帝非常仔细地观察着。他害怕漏掉任何一个重要的关键。可是这个绳和其他人说的一样，果然天衣无缝，找不着任何绳头。

亚力山大大帝很失望，当他准备放弃时，他灵光一闪："为什么不用自己的行动来打开这个绳结呢？"

于是拔剑一挥，绳结一劈两半，这个保留了百年的难题就这样轻易地解决了。亚力山大大帝也轻松地占领了亚细亚。

人们往往因为道理讲多了，就顾虑重重，不敢决断，以至于错失良机，甚至坐以待毙都大有可能。对于勇敢的人来说，没有条件，他也能够创造条件，他的行动永远是最好的时机和条件。因为行动本身就是在创造条件和机会。世界上最珍贵的事物都是那些行动中的人创造的。

别让拖延毁了你

拖延是人类的一大恶习。美国哈佛大学人才学家哈里克说："世界上有93%的人都因为拖延的陋习而一事无成，这是因为拖延能杀伤人的积极性。"的确，拖延会严重挫伤我们的积极性。可能你有这样的感受，本来想去学点东西，但就是一直不愿动手，于是日子就在一天天的等待中过去，而你的热情也一点点地消逝。后来，发现自己根本就没有兴趣了。

拖延对我们的危害很大，但是我们对它的警惕性却不高。它不像毒品，因为我们都知道毒品的危害性，所以人人避之惟恐不及，因此尽管它的危害性很大，但是由于人们的警惕，它的危害性也就仅仅局限在一定的范围内。而拖延对我们的危害不亚于毒品，它同样可以让我们意志低迷，让我们毫无斗志，但人们对它的危害性却没有充分的认识，因此它也就无孔不入了。我们的多少理想，多少梦想，多少希望，就在等待中消失殆尽。

历史上所有伟大的人物，都是与时间赛跑的能手。马克思说："我不得不利用我还能工作的每时每刻来完成我的著作。"拖延除了扼杀我们的积极性以外，没有任何的好处。假设一个艺术家，冥思苦想终于产生了灵感，而他却迟迟不肯动笔，一拖再拖，灵感往往是转瞬即逝的，如果抓不住，就会消失了，任凭你怎么后悔也没有用。假设一个将领，接到前线的作战报告却没有及时阅读以致贻误了战机，

迷茫时，冒险指引你

不但输掉了整个战争，甚至连自己的生命都会赔进去。当初恺撒就是这样败给华盛顿而丢掉了性命的。

要知道，过去我们没有办法挽留，将来也没有办法把握，我们能把握的，就只有现在。如果我们可以专心致志于现在，而不再让自己去等待，那我们必将能过得更加充实，更加幸福。

每个人都有很多的憧憬，很多的理想，如果我们将这一切都付诸行动的话，我们的人生不知该有多么伟大。然而，无论你的梦想有多么美好，你的理想有多么伟大，你的计划有多么周密，如果你不去实行，那也只能是空想。但是我们中的大多数人却很少有立即行动的习惯，"等等吧，明天也不会晚"，"不急，以后有空再说吧"，或者"现在好像时机还不成熟"，于是，时光就在我们的拖延、我们的等待中悄悄流逝，而我们的梦想也在等待中慢慢地枯萎。

拖延，可能会让我们失去很多。你与恋人约会，可是由于你的贪睡，结果迟到了一个多钟头，弄得她拂袖而去。有一项很重要的工作，由于你的拖延，可能延误了整个项目的开发，为此你可能会失去很大一笔订单或者很重要的一位客户。有一个你羡慕已久的职位终于空缺了，你认为自己的机会总算来了，但没想到最后这个位子却被别人抢了去，就是因为开会你总是会比别人迟到几分钟。所以，你看，因为拖延，我们不知要失去多少。

凡事拖不得。一个人的热情总会有限，拖延只会让它慢慢冷却。中国有句古话，叫作"趁热打铁"，说的就是这个道理。鲁迅先生曾在《马上日记》中写道："……然而既然答应了，总得想点法子。想来想去，觉得感想倒偶尔也有一点的，平时接着一懒，便搁下了，忘掉了。如果马上写出，恐怕倒也是杂感一类的东西，于是乎我就决计，一想到就马上写下来，马上寄出去，算作我的画到簿。"

其实，造成我们拖延的原因无非两个：一个是我们认为手头的事不重要；另一个是事情很棘手，难以处理。如果事情真的不重要，那可以将它取消，但不要拖延；如果取消不了，那就立即去办。而对于很棘手的事情，我们每个人都从心理上去躲避它，但往往越是这样的事情，越是我们做事的关键，这时我们就必须学会迎难而上。有时只要你动手，就会发现事情远没有你所想象的那么困难。

其实，在拖延的时间里，我们完全有能力把事情做好。所以，不要再去犹豫，不要再去躲避。只要我们刻意改正，是可以克服这个毛病的。拒绝拖延，可以让你不必再受心灵的煎熬；拒绝拖延，你将会发现自己的人生不再空虚。

迷茫时，冒险指引你

■ 做行动上的巨人

立即行动是成功者最好的武器。不管什么时候，如果觉察到拖拉的恶习在侵袭你，立即行动是对你最好的提醒，也是你手中最好的武器。

史威兹喜欢打猎和钓鱼。他最大的快乐就是带着钓鱼竿和来复枪进入森林宿营，几天之后再带着一身的疲惫和泥泞心满意足地回来。

他唯一的困扰是，这项嗜好会花去太多时间。有一天，他依依不舍地离开宿营的湖边，回到现实的保险业务工作中，突然有一个想法，荒野之中，也许有人会买保险。如果真是这样，岂不是在外出狩猎时，也一样可以工作了吗？果然，阿拉斯加铁路公司的员工、散居在铁路沿线的猎人、矿工也都是他的潜在客户。

他立刻做好计划，搭船前往阿拉斯加。他沿着铁路来回数次，"步行的曼利"是那些与世隔绝的人们对他的昵称。他受到热烈的欢迎，他不但是唯一和他们接触的保险业务员，更是外面世界的象征。除此之外，他还免费教他们理发和烹饪，经常受邀成为座上宾，享受佳肴。在短短一年内，他的业绩突破了百万美元，同时享受了登山、打猎和钓鱼的无限乐趣，把工作和生活做了最完美的结合！

立即行动，可以实现你最大的梦想！

如果史威兹在梦想产生时，没有立即行动，就可能因此而失去成功的机会。每天不知道有多少人把自己辛苦得来的新构想取消，因为他们不敢行动。过了一段时间，这些构想又会回来折磨他们。那么，面对这

第五章
冒险需要行动

种情况我们怎么办呢？我们只有赶紧行动，只有朝着目标前进，不要左顾右盼，不要犹豫不决，不要拖延观望，才能做出好成绩。

比尔·盖茨说："想做的事情，立刻去做！当'立刻'去做从潜意识中浮现时，立即付诸行动。"初学游泳的人，站在高高的水池边要往下跳时，都会心生恐惧，如果壮大胆子，勇敢地跳下去，恐惧感就会慢慢消失，反复练习后，恐惧心理就不复存在了。

无数事实证明，只要我们去行动，总会做出业绩，总会取得成功。

行动迅速可以使你抢占先机，同时使对手反应不过来。这样，你就可以控制主动权。每一个人都要认识到他们的每一次行动都是一次赢得时间，赢得金钱的行动。如果一开始就抱有退却的念头，不是准备不足，就是意志力薄弱的表现。如果真是如此，那就趁早取消这次行动。

我们只有在今天行动立即行动，才会有明天的结果。如果我们总是把今天的工作推迟到明天来做，我们就永远不会有结果。所以，我们一定要今天的工作今天完成，甚至争取今天完成明天的工作。如果你具备了这样的素质，你就会冲破人生的难关，就会有任何行动。所以说，没有任何事情比下定决心，开始行动更有效果。

行动派的人从来不知道烦恼为何物。如果总是认为应该在一切就绪后再行动，那么你永远成不了大事。有机会不去行动，就永远不能创造有意义的人生，人生不在于有什么，而在于做什么。身体力行绝对胜过高谈阔论，经验是知识加上行动的成果。若想欣赏远山的美景，至少得爬上山顶。上帝给了你大麦，但烤成面包就得靠自己。生命中的每个行动，都是日后扣人心弦的回忆。能者默默耕耘，无能者

迷茫时，冒险指引你

只说不练。任何空谈都是毫无意义的，行动决定一切。一百句空话抵不上一个实际行动，无论你的人生难关是什么，你今天都要开始行动，并且坚持不懈！

正是有了这么多"思想上的巨人，行动上的矮子"，才有了那么多自叹自怨的人。他们常常抱怨，自己的潜能没有挖掘出来，自己没有机会施展才华。其实他们都知道如何去施展才华和挖掘潜能，只不过没有行动罢了。他们也明白，思想只是一种潜在的力量，是有待开发的宝藏，只有行动才是开启力量和财富之门的钥匙。

让自己行动起来也是一种能力。这种能力的增长来源于不断地和借口做斗争。通过斗争，培养自己识别借口的能力和战胜借口的勇气。

从前有三个兄弟，他们很想知道自己的命运，于是去求教智者。听了他们的来意后，智者说道："据说在遥远的天竺国大国寺里，有一颗价值连城的夜明珠，假如让你们去取，你们会怎么做呢？"大哥说："我生性淡泊，在我眼里，夜明珠不过是一颗普通的珠子，我不会前往。"二弟拍着胸脯说："不管有多大的艰难险阻，我一定会把夜明珠取回来。"三弟则愁眉苦脸地说："去天竺路途遥远，险象环生，恐怕还没取到夜明珠，就没命了。"听完他们的回答，智者微笑着说："你们的命运已经很清楚了。大哥生性淡泊，不求名利，将来自然难以荣华富贵，但在淡泊之中也会得到许多人的帮助与照顾；二弟性格坚定果断，意志刚强，不惧困难，可能会前途无量，也许会成大器；三弟性格优柔懦弱，凡事犹豫不决，命中注定难成大事。"

韩娜在《为自己奋斗》一书中也提到，无论我们做什么事，只有马上动手去解决，我们才能看到我们的付出没有白白浪费。所以，我们不要害怕花时间去做事，如果我们做了，我们就不愁问题不会得到解决。所以，我们一定要立刻集中力量去行动，兢兢业业、干劲十足地去解决那些困扰于胸的问题。

迷茫时，冒险指引你

■ 行动领先

我们每个人都希望自己的事业越来越好，进入良性循环。但仅有美好的愿望是不够的，因为你的身边有无数个竞争者。如何才能在这些竞争者中脱颖而出呢？你必须顺应马太效应，找到成功的正确道路。

关于成功的经验多如牛毛，关于成功的书籍也是浩如烟海；市场的反应正说明人们的需要，这说明人们对成功的期望之高。无论别人给你传输的经验是什么，你只要记住一个要诀就好了，那就是：事事领先。

罗杰是公司里升职最快的一个员工。他到公司不到一年，就坐上了经理的宝座。而他成功的秘诀就是每天多比别人前进一点。每天，他总是第一个来到公司上班，而下午下班却是最后一个离开。所以，每当老板加班想要找人帮忙时，就只能找他。有时上班之前的那段时间，也会找他侃侃足球。久而久之，老板似乎已经习惯了他的存在，有时就算身边有秘书，还是会找他帮忙办事。

有些顾客很早就会往公司打电话，这时能够应付这些人的就只有他一个人。而其他的同事则是雷打不动的早上9点上班、晚上5点下班。当一个又一个的客户直接走到办公室找罗杰时，他们都感到非常奇怪。

在他27岁的时候，便成了公司里的二号人物。别人向他请教成功的经验，他总是会说："你永远不可能完全控制你身在何处。你不能

第五章
冒险需要行动

选择开始事业的优势，不能选择你的智力水平，但是你却能控制自己工作的勤奋程度。当然，有些人可以不努力工作，仅凭他的聪明就可以取得成功。但是那些人都是天才。对于我们大多数人来说，我们所做的就只有努力工作。你做得越多，你得到的也就越多。每天比别人前进一点点，慢慢地你就会成为领头羊。我的秘诀就在于每天都会比别人多做一点点。"

量变的最终结果，便是质变。就像一只蝴蝶在巴西扇动翅膀，但却有可能在美国的得克萨斯州引起一场龙卷风一样。这就叫作人生的"蝴蝶效应"。所以不要小看一点点的进步，世界上所有伟大的成就，都取决于这一点点的进步。

事事领先，除了行动上的领先，还有思想上的领先。这一点在商业上尤为重要。因为一个人如果有超前的思想，那么就会发现别人没有发现的财富。就像改革开放时，凡是能够掘到金的人都是那些有超前意识的人，他们能看到别人没有看到的商机，把握别人没有把握的机会。

一个人在思想上超前，在行动上领先，那么就不可能得不到成功。当然，行动上的领先可以很容易地做到，但思想上的超前却需要有独到的眼光。这就需要我们要及时掌握各种各样的信息，并相信自己的判断。只要你有一个高瞻远瞩的目光，有积极行动的能力，那么你就离成功不远了。

迷茫时，冒险指引你

■ 自动自发

　　一个员工是否能够自动自发地做事，是否能为自己的所作所为承担责任，是那些成就大业的员工和凡事得过且过的员工之间的最根本的区别。

　　陈晓东是一名出色的助手，刚大学毕业，他就到了一家大公司。在公司里，陈晓东每天都是第一个到公司的员工，也是最晚下班的员工。早上他会把大家桌上的灰尘都擦干净，晚上他又把公司所有的电源都关闭才走。他常常会帮其他同事做一些工作，因为他的工作总是很快地完成，而且非常出色。就这样过去了半年多，陈晓东也从一名普通的员工坐上了总经理助理的位子。

　　为什么陈晓东能很快受到经理的提升呢？其实原因很简单，陈晓东清楚地知道，工作需要自动自发，所以，他愿意做那些不属于他工作范围内的事，并且认真、仔细地做好。

　　《致加西亚的信》一书作者阿尔伯特·哈伯德说过："工作是一个包含了诸多智慧、热情、责任、信仰、想像和创造力的词汇。"这句话，我们很好理解。现实生活中，那些卓有成效和积极主动的人，他们总是在工作中付出双倍甚至更多的智慧、热情、责任、信仰、想像和创造力，这就是他们获取成功的法则。而那些失败者，他们把成功者的法则深深地埋藏起来，所以，他们有的只是逃避、指责和抱怨。

　　有多少人都是在固定的时间内上班、下班、领薪水，等着老板交

第五章
冒险需要行动

待任务,从来不会主动地工作。当领到的薪水满意时他们高兴,当领到的薪水不能满足他们时,他们会在一边抱怨。在高兴与抱怨过后,他们仍然不去改变自己的工作模式,一样是固定的时间内上班、下班……他们的工作很可能是死气沉沉没有生机。这样的人,他们只不过是在"过工作"或"混工作"而已!

其实每一个老板都非常清楚,那些每天早出晚归的人不一定是认真工作的人,那些每天忙忙碌碌的人不一定是出色地完成了工作的人,那些每天按时上班、下班的人也不一定是尽职尽责的人。只有那些主动工作的人,在老板的眼中才算是一个认真工作、出色地完成工作、尽职尽责的员工。

工作需要自动自发,工作就是需要付出努力,正是为了成就什么获取什么,我们才专注于什么,并在那个方面付出精力。从这个意义上说,工作不是我们为了谋生才去做的事,而是超越了工作主体自身的职能而要去做的事!

自动自发地工作,首先是一种态度问题,是一种发自肺腑的爱,一种对工作的爱。他需要你们在工作中热情、努力、积极主动,只有以这样的责任心对待工作,你们才有可能获取更多的回报。一个人是否拥有责任心,从工作态度上就可以衡量,如果一个人能自动自发地工作,那么,他一定是一个拥有极高责任心的人。

永远保持一种自动自发的工作态度,是为自己的行为负责,也是那些成功者和失败者最大的区别。只要明白了这个道理,并且以这样的态度来对待工作,工作就不再是一种负担,而是一种让生活充满意义的行为。

在各种各样的工作中,当我们发现那些需要做的事情,哪怕并

迷茫时，冒险指引你

不是自己职责范围内的事情时，也就意味着我们发现了超越他人的机会。因为在自动自发的工作背后，就是成功的所在。

第五章
冒险需要行动

■ 不要让生命等待

人的生命是有限的，就像流星划过天际，很短暂。让我们来算一笔账，假设一个人的寿命是75岁，除却他的少年时代，也就是从18岁成年开始计算，每天除去吃饭、睡觉以及其他因素而虚废掉的大约25年的时间，就只剩下不到35年的时间。也就是说我们所有的目标都要在这短短的35年内去完成，此外还要除去一些例外因素，如生病等，那么所剩余的时间就更少了。所以，我们每个人都应该抓紧时间来完成自己的梦想，而不应该再让自己去荒废时间。

但是，我们大多数人却没有意识到时间的紧迫性，总是喜欢将事情一拖再拖，于是生命也就在这些等待中白白荒废了。

如果你想成功，就要学会和时间赛跑。凡是能跑过时间的人，也肯定能将成功抓在手里。等待的结果，只有失败。因为别人为了成功都在争相往前冲，而你却一动不动，只等着天上往下掉馅饼。且不说"掉馅饼"的概率很少，就算真的有那一天，恐怕你却连盛"馅饼"的容器都没有。

有两个女孩，两人都是同一个学校毕业。她们都有一个共同的梦想，那就是成为电视台的节目主持人。其中一个女孩的父亲是大学的教授，而母亲则是一家整形医院的副院长。她的家庭对她有很大的帮助和支持，她完全有机会实现自己的理想。而她自己也认为自己很有这方面的天赋，因为她可以很容易就让别人感到亲近，而且知道怎样

迷茫时，冒险指引你

从人家嘴里"掏出心里话"。她认为自己少的就是一次机会，只要给她一次机会，她就肯定能够成功。但是为此她做了什么呢？什么都没有。她每天只是等待着机会的来临。但是，在这个劳动力市场供大于求的社会，是没有哪家影视公司的主管会到外面去搜寻天才的，他们只等着别人自己送上门来。

而另一个女孩，她没有优越的家境，在大学时就为了自己的学费而不得不四处打工。她也没有任何的社会背景，有的只是一个当主持人的梦想。她知道"天下没有免费的午餐"，她唯一可以做的就是不断地努力，为自己创造机会。毕业之后，她开始谋职。她跑遍了每一家电视台，但是没有人愿意用她，因为她没有任何的工作经验。但她没有放弃，没有机会，就要给自己创造机会。后来，她在网上发现一则招聘广告，说是一家广播电台正在招聘播音员。只是那家电台位于南方，离这里很远，而且她也不太适应那里潮湿的天气。但她已顾不得这些了，只要有一次机会，她就不会放过。于是，她立即赶到了那里。在她的努力下，她得到了这份工作。她在那里做了大约有两年的时间，后来便跳槽到了另一家电视台，开始只是做一些零碎的工作，但她却把这些当作锻炼自己的一次机会。又过了几年，她终于得到了提升，成为自己梦想已久的电视台的主持人。

机会永远都不会青睐等待者。但是我们大多数人却总会犯这个毛病，总认为时间不急或时机尚未成熟，所以一直观望。"明天也不会晚"是这类人最常见的心理。于是日子便在一天天的等待中荒废。

我们之所以会等待，就是因为我们总是在犹豫、在迟疑。机遇是可遇而不可求的，于是，它就在我们凝视的双眼前倏忽而去。而一个人的热情也是有限的，如水的光阴，也会让它渐渐冷却。仔细想一想，在等待中，我们失去了多少机会，荒废了多少时日，又给自己留下了多少遗憾呢？一个真正有事业心的人从来不会守株待兔，他们会把全部身心都放在工作上，他们明白，只有抓住今天，才会有美好的将来。

我国古代有一首小诗，就是用来劝诫人们抓住时机的：明日复明日，明日何其多。事事待明日，万事成蹉跎。

所以，不要再让自己的梦想在等待中枯萎。让我们抓住今天，我们的生活才会更加充实。

迷茫时，冒险指引你

■ 行动才能收获成功

迈克尔·戴尔是在德克萨斯州的休斯顿市长大的，他还有一个哥哥和一个弟弟，父亲是一位牙医，母亲是证券经纪人。在三兄弟当中，迈克尔在少年时期就显出勤奋好学、干劲十足的优势。

迈克尔上初中时，就在杂志上出售邮票赚取了2000美元，这2000美元为他带来了第一台个人电脑。迈克尔还把这台电脑拆开，研究它是怎样运行的。

上了高中，他找了一份为报纸征集订户的工作。迈克尔又把顾客瞄在了新婚夫妇上，他认为，新婚的人最有可能成为订户，于是请朋友为他抄录了近来才结婚的所有人的地址和姓名。他将这些资料都输入电脑中，然后向每一对新婚夫妻发出一封有私人签名的信，在信中说赠送他们两个星期的免费报纸阅读。这一次迈克尔赚了近2万美元，用这些钱他买了第一辆汽车，当汽车推销员看到年轻的迈克尔用现金付账时，都惊愕得瞠目结舌。

到了大学时，迈克尔和其他学生一样，都在用自己的办法赚零用钱。迈克尔也在大学里找到了他成功的商机。那时候，校园里的大学生都想拥有一台属于自己的电脑，可是电脑的售价太高，大部分人只能望洋兴叹。

迈克尔在心里想："经销商的经营成本并不高，为什么要让他们赚那么厚的利润？为什么不由制造商直接卖给用户呢？"为此，迈克

第五章
冒险需要行动

尔做了许多调查,从中他了解到,由于电脑生产商规定每个月经销商都要卖一定数额的电脑,但是大部分的经销商都无法全部卖掉,为了不亏本,只能把电脑的售价提高,这样会减少一部分损失。于是迈克尔按成本价从经销商那里买下了许多存货,然后在宿舍里进行改装。经过改装的电脑十分受欢迎,而且价格也很合理。迈克尔见到市场的需求巨大,于是在当地打广告,以零售价的八五折推出电脑,一段时间后,迈克尔的电脑出现在了许多商业机构和办公场所里。

现在,迈克尔·戴尔已经是一位世界级的大富豪了,戴尔电脑公司在多个国家都设有分公司,每年的收入都超过了20亿美元。

一个再伟大的目标,如果不去行动,永远都是空想。成功在于行动,当一个目标制定好以后,就要立即行动去实现它。如果不把目标行动起来,那么,所制定的目标将成为一堆毫无用处的东西。

一个目标的制定很容易,任何个人都可以制定一个伟大的目标,困难的是把这个目标行动起来。许多人都制定了自己的人生目标,从这一点来说,任何一个人都像一个谋略家。但是,大部分人在制定了目标之后,就把目标收藏起来,没有投入实际行动中,结果他们只能怀着这个目标一事无成。

行动是成功的唯一途径。目标既然已经制定好,就不能有一丝一毫的犹豫,要坚决地投入行动。推迟行动只会使你延误时间,以致计划成为泡影。

古话说的好:万事开头难!想要做成一件事,大部分人都难以迈出第一步,只有少数人成功地迈出第一步,他们也成了成功者。那些不能迈出第一步的人,犹豫不定,今天推明天,明天推后天,这样推来推去时间延误了,目标也随着时间的延误而慢慢化为泡影。

迷茫时，冒险指引你

任何一个人在做一件事时，都会出现缺乏开始做的勇气。如果你鼓足勇气迈出第一步，就会发现做一件事最大的障碍往往是来自于自己的内心：缺乏行动的勇气。当有了行动的勇气下定决心时，做成一件事也就顺理成章了。

迈出第一步，就会有第二步、第三步……这样不断地做下去，你就会发现离目标越来越近，越来越清晰。

一个企业的老板说过：美梦要想成真，就行动起来，去实践它，只要定位清晰，目标明确，那么你投入一分行动，也就离成功走近一步。换句话就是说：你投入多少，就收获多少，投入的越多，成功的机会也就越大。

愚公移山讲的也同样是这个道理。面对大山，一百年也看不出一条缝来。但用斧凿，能进一尺就进一尺，不断积累，一百年后会是什么样，谁都知道。所以，行动是通往成功的唯一途径。

第五章
冒险需要行动

■ 天下没有免费的午餐

　　天下没有免费的午餐，也没有不劳而获的事。只有付出了，才会有所收获，这是千古不变的。当你为晚餐而思考时，为何不为晚餐而行动呢？

　　很多年前，有一位修士，他非常虔诚地信奉上帝。他认为只要信奉上帝，一切都会得到改变。

　　一天，修士在街道上走着，心里为晚餐而祷告，他相信上帝会为他送来一顿丰富的晚餐。修士运气很好，他路过的那条街道正好有一家人在办喜事，于是主人把修士请进了家里，并为他准备了一桌很丰富的晚餐。为此，修士更加相信上帝了。

　　饭后，修士走了，在路上遇到了几只野狗，他一点都不害怕，他认为上帝一直都在保护着他，不幸的是，他让这几只野狗咬伤了，为此，他在心里想，上帝一定去吃饭或者做其他更加重要的事了。

　　又走了一段路，天已经暗了下来，修士没有找个地方休息，而是继续赶路。这次修士更不幸，他从山坡上滑了下来，可是修士忍着痛一声不吭，他相信上帝不会丢弃他的孩子，一定会救他，奇迹出现了，滑到一半的时候，一棵树挡住了他，可是修士没有好好地抓住，又继续往山下滑，眼看修士就要滑到悬崖边了，又是一棵树挡住了他，这次修士仍然没有好好地抱住大树，他在心里想上帝会救他的，于是任由自己往下滑落。

迷茫时，冒险指引你

最后，修士滑下悬崖摔死了。

死后，修士的灵魂飞上天堂，他对着上帝大声质问："我是如此虔诚地信任你，你为何看着自己的孩子摔死而不救？"

上帝非常奇怪，于是说道："我对任何一个孩子都是公平的，对你也一样；当你滑到一半时，我用一棵小树挡住了你，可是你没有抓住；快到悬崖时，我又用一棵大树挡住了你，你依然没有抱住；最后，我没有办法再用什么挡住你往悬崖下掉落了。因为我找不到任何东西来挡住你。但是，我很奇怪，为什么我给你两次机会你都不把握呢？"

"因为我相信您会把我直接送上山的，就像下午送我晚餐一样。"修士理直气壮地回答。

"哦，我的孩子，我想你错了，我根本就没有送你晚餐。你要相信，世上没有不劳而获的事。我虽然是无所不能的上帝，可我依然要努力地工作，努力地帮助你们，只有这样，我才能获取更大的法力。"上帝感慨地说道。

付出也是一种行动，任何一次收获都是你付出以后换来的。我们都清楚，天下没有免费的午餐，也没有不劳而获的事，有了目标，就要立即行动，修士滑到山下，就应该努力地让自己稳住，靠自己的努力爬到山上，可是他没有珍惜两次机会，使自己白白失去了生命。

从前有一户人家的菜园里摆着一颗大石头，宽度大约有40公分，高度有10公分。到菜园的人，不小心就会踢到那一颗大石头，不是跌倒就是擦伤。

儿子问："爸爸，那颗讨厌的石头，为什么不把它挖走？"

爸爸这么回答："你说那颗石头哦？从你爷爷时代，就一直放

第五章
冒险需要行动

到现在了，它的体积那么大，不知道要挖到什么时候，没事无聊挖石头，不如走路小心一点，还可以训练你的反应能力。"

过了几年，这颗大石头留到下一代，当时的儿子娶了媳妇，当了爸爸。

有一天媳妇气愤地说："爸爸，菜园那颗大石头，我越看越不顺眼，改天请人搬走好了。"

爸爸回答说："算了吧！那颗大石头很重的，可以搬走的话在我小时候就搬走了，哪会让它留到现在啊？"

媳妇心底非常不是滋味，那颗大石头不知道让她跌倒了多少次。

有一天早上，媳妇带着锄头来到了大石头那里，她认为，这个大石头要挖一天吧！可谁都没想到这个表面上很大的石头，一个多小时就挖出来了。看来挖起来的石头没有想象的那么大，所有人都被那个巨大的外表蒙骗了。

这个故事给我们的启示也是同样的道理，如果媳妇没有立即行动，一家人将永远被大石头蒙骗下去，也将永远受到伤害。

天上只会落下雨点和雪花，永远不可能掉下面包。成功者们永远都只看前方，不会仰望天空坐等机会掉到手里。只有失败者才会等待天空掉下面包来。小学时我们学习的寓言《守株待兔》给我们讲的也一样是这个道理，没有不劳而获的获取。

付出与回报是双向的，没有得不到回报的付出，也没有不用付出就能得到的回报。我们在公司也是一样，公司是个讲求经济效益的地方，它不可能在你没有付出的时候给你更多的回报，当然，它也不会让你的努力白费。

第六章

责任是冒险的重点

> 人的一生，有很多的责任需要承担：对自己、对家庭、对社会。可以说，责任无时无刻都伴随着我们，一个人只要是活着，就不可能脱离责任而存活，它是我们应该而且必须要做的事情，它伴随着每一个生命的开始和终结。

第六章

六重的創造與生养

第六章

责任是冒险的重点

■ 培养责任感

责任感与责任是不同。责任是指对任务的一种负责和承担，而责任感则是一个人对待任务、对待事情的态度。社会学家戴维斯说："放弃了自己对社会的责任，就意味着放弃了自身在这个社会中更好的生存机会。"同理，我们对工作没有了责任感，我们也就不会在工作中得到更好的发展和完善。

或许，每一个具有强烈责任感的人，不可能都成为成功者，可毫无例外，每一个成功者都是一个具有强烈责任感的人。这是一个不争的事实。

据说在杜鲁门总统的桌子上摆着一个牌子，上面写着——"Book of stop here"——责任到此，不能再拖。这就是责任感，它是一个简单而无价的东西。

那些责任感不强的泥瓦工和木匠，他们建造的房屋，只是将砖石和木料拼凑在一起的模型，在这些房屋尚未售出之前，有些已经在暴风雨中坍塌了；那些责任感不强的医科学生，他们不愿花更多的时间学好技术，结果做起手术来笨手笨脚，让病人冒着极大的生命危险；那些责任感不强的律师，他们在读书时不注意培养能力，办起案件来捉襟见肘，让当事人白白浪费金钱；那些责任感不强的财务人员，他们在汇款时疏忽大意写错了一个账号，却给公司带来灾难性的损失……这样的人，也必将因为他们没有责任感的原因，最终一事无成。

迷茫时，冒险指引你

在电影《勇敢的心》中，男主角对苏格兰王位继承者说的一句话，至今让人记忆犹新，他说："人们总是追随勇敢的人，如果你为他们争得自由，他们就会追随你，我也会。"不难看出，一个人最伟大的时刻，莫过于他勇敢地承担起自己的责任的那一个瞬间。

1923年，福特公司生产车间里的一台马达坏了。公司里的所有技术人员都没能修好，甚至连总裁福特先生也知道这件事了。就在众人一筹莫展的时候，有人推荐说可以请斯坦因曼斯来，或许他可以修好。于是，福特公司马上派人去请。

斯坦因曼斯来了之后，先要了一张席子，铺在电机旁，聚精会神地听了3天，之后又让人拿来了一部梯子，爬上爬下地忙碌了多时，最后，他在电机的一个部位上写下了这样一行字：这儿的线圈多绕了16圈。很多人对他的这样的诊断觉得摸不着头脑，可福特公司的技术人员还是按照他的建议，马上拆开电机，把多余的16圈线取走，再开机，电机正常运转起来了。

这还并不是让人觉得不可思议的事。总裁福特先生知道这件事之后，对斯坦因曼斯十分欣赏，给了他一万美元的酬金，还亲自邀请他加盟自己的公司。要知道，福特公司是美国最具有雄厚实力的大公司，人们都以进福特公司为荣。可就是面对这样的好机会，斯坦因曼斯却拒绝了。

原来，斯坦因曼斯是德国的一位工程技术人员，因国内经济萧条而失业，无奈之下，辗转来到了美国。初来乍到的他举目无亲，根本无法立足，只好到处流浪。就是在这时，他现在工作的那家小公司的老板帮助了他，雇用他担任制造机器马达的技术人员。因此，当福特先生邀请他加盟自己的公司时，他对福特先生说，他不能离开那家小

第六章
责任是冒险的重点

工厂,他的老板在他最困难的时候帮助了他,他现在离开那里,工厂很可能会陷入困境。

福特先生先是觉得十分遗憾,继而感慨不已。没过了多长时间,福特先生决定收购那家小工厂。这令董事会的许多成员都觉得难以理解,福特先生怎么会看好这样的一家小工厂呢?对此,福特先生意味深长地说道:"因为那里有斯坦因曼斯!"

迷茫时，冒险指引你

■ 责任是与生俱来的使命

　　责任是指对自己义务的知觉，以及自觉履行义务的一种态度或意愿。从本质上说，责任更是一种与生俱来的使命，它伴随着每一个生命的开始和终结。但是，现实当中只有那些能够勇于承担责任的人，才有可能被赋予更多的使命，才有资格获得更大的荣誉。一个缺乏责任感或一个不负责任的人，首先失去的是社会对自己的基本认可，其次失去了别人对自己的信任与尊重，甚至也失去了自身的立命之本——信誉和尊严。为此，我们每一个人都需要责任。

　　森林里，一只母狮子正给小狮子喂奶，它没发现危险的到来——猎人正悄悄地走近它。当它感觉到危险的时候，猎人已经举起了长矛。母狮子为了救孩子，放弃了逃跑，而是冲着猎人怒吼而去。发怒的狮子极其凶猛，把猎人吓傻了。因为在一般的情况下，狮子看到猎人拿着长矛早就跑得没影了。可这次的情况不一样，当猎人看到狮子凶怒的样子，人早已顾不得刺向狮子了，而是掉头就跑。母狮子最终凭着自己的勇敢，救了自己的孩子。

　　我们当然可以认为，母狮子的这种行为是一种本能，就像它在草原上追捕猎物一样。可它追捕的猎物是不会手拿长矛的，更不会有反过来捕杀狮子的想法。所以当危险临近时，狮子也有躲避危险的本能，这也是肯定的。既然是这样，为什么在一刹那间，它没有选择逃跑反而选择了去迎向危险？答案只有一种：因为它是母亲，它要保护自

第六章
责任是冒险的重点

己孩子的安全，它要尽到母亲的责任。

动物尚且如此，何况我们人类呢？道理是相同的，毕竟当我们坚守责任时，就是在坚守自己最根本的义务，就是为自己的成功增加了更强的动力。

一位刚下飞机的外国客人，坐上一辆出租车。车内的情况让他大吃一惊：车上铺着羊毛毯，地毯边上还缀着鲜艳的花边；玻璃隔板上镶着名画的复制品，车窗一尘不染……

外国客人惊讶地对司机说："我从没坐过这样漂亮的出租车。"

司机笑着回答："谢谢你的夸奖。"

外国客人又问："你是怎么想到装饰你的出租车的？"

这时司机给外国客人讲了这样一段话："车不是我的，是公司的。我应该对我的公司、我以及我所承担的出租车负起责任。多年前，我在公司做清洁工的时候，每辆出租车晚上回来时都像垃圾堆一样：地板上堆满了烟蒂和垃圾，座位或车门把手上甚至有一些黏稠的东西。我当时就想，如果他们对公司或出租车多负一些责任，应该就会有一辆清洁的车给客人坐了。坐一辆洁净的车，客人的心情就会好了。也许会多为别人着想一点，经济价值也就出来了。

后来我领到了出租车牌照后，就按自己的想法把车收拾成了这样。每位客人下车后，我都要看一下，一定要为下一位客人把车打扫干净，即使是晚上回到公司，我也一样要把出租车擦得干干净净，这是我对公司应负的责任。"

无论我们从事的是什么样的工作，只要能认真、勇敢地担负起责任，我们所做的就是有价值的，我们就会获得他人的尊重和信赖。有的责任担当起来很难，有的却很容易，无论是难还是容易，我们都应

迷茫时，冒险指引你

该勇于承担起工作中所须承担的责任。因为工作需要我们的责任心。在我们对工作充满责任感的时候，我们才会把它尽快地完成，甚至把它完成得更好、更出色。

第六章
责任是冒险的重点

■ 承担责任

　　人的一生，有很多的责任需要承担：对自己、对家庭、对社会。可以说，责任无时无刻都伴随着我们，一个人只要是活着，就不可能脱离责任而存活，它是我们应该而且必须要做的事情，它伴随着每一个生命的开始和终结。

　　一个人是否有责任心也就代表了这个人是否会有出息，一个无视责任的人必定得不到别人的认可。因为富有责任心的人让别人感受到安全感，具有责任感的人，无论做什么事情，都会尽心尽力，不遗余力地把事情办好，从某种意义上来说，也是具备一种资本和能力，正因为具备这种能力，会让人变得更有自信，在处理事情时能够把握有度，井井有条，身边的人都会放心、安心，并对他充满信心。给大家讲一个责任心铸就安全感的事例：

　　在一个边远的小山村里，人们想要出行去县城办事只能乘坐当地人开的面包车。县城离村里的距离不算远，但都是山路，如果驾驶技术不好，在弯曲的道路上开车会很费劲，而且因为山路迂回曲折，这就要求乘客能稳稳地坐在自己的位置上，否则会有危险。

　　面的司机中有一个叫军的中年人，他就是一个心存责任的人。他认为乘客只要坐上他的车，他就有义务保障他们的安全。每次出发前，他都会检查各个车门是否关紧，甚至中途有人下车，他也要从自己座位上下来再检查一遍。他这种注重细节的行为就是心存责任的一

迷茫时，冒险指引你

种体现，而且他的做法并不是没有道理，有乘客在乘坐其他面包车去县城时，就因为车门没有关好，在上坡拐弯时车门滑开，紧靠在门边的乘客被甩了出去，幸好车速不快，伤势并不严重。

因此，我们看到，心存责任就是安全的一种保障，人们更加信任能负起责任的人，因为他能给别人一种安全感，能让人放心。

公司里也是一样的道理，老板也会信任能勇于担负责任的人，现在很多老板都向员工强调了责任的重要性，能负责任就是一种能力。我们衡量一个人是否能胜任工作的重要标准就是具备什么样的能力，而能力的大小取决于自身素质的体现，这种素质的体现是需要责任感来实现的。一个人所具备的能力中，一个重要的体现就是做事情是否具备责任心，因为这是确保事情能否圆满完成的必要条件。一个能力超强的员工如果没有责任心，就会在工作中粗心大意，不能踏踏实实地做好一件事情，一个具备能力而又有责任心的人，不论什么场合、什么时间，办什么事都会游刃有余。责任心在任何时候都是不能忽略的，锁定责任就是锁定结果不是一句空话。我们确保自己产品的质量和服务能达到预期的要求就是需要用责任来保证。员工如果没有责任意识，是无法保证工作质量的。有时候，一个大人还不如一个小孩有责任心，我们来看这样一个故事：

一个五岁的小孩跟随父母出游，他们游览了各处风景之后，想买些礼物带回去给亲朋好友，于是，他们带着儿子去了宾馆附近的一家商场购物。

在走到儿童广场时，五岁的儿子看着各式各样的玩具爱不释手，夫妻俩看着儿子恋恋不舍的样子，就让儿子挑选一件自己最喜欢的玩具。儿子这下可高兴了，左看看右摸摸，终于挑中一件最喜欢的。母

第六章
责任是冒险的重点

亲去付钱时,他依旧在那里摆弄店里其他的玩具,不巧的是,他把玩具车的一个小配件弄断了,服务员也没有注意到孩子的失误。母亲来后,小孩非常害怕,他下意识地把那个被自己弄断的小配件装在自己口袋里,还没来得及和母亲说明情况,就被母亲领走了。

出了柜台没多远,他向母亲承认了错误,看着儿子惊慌失措的样子,母亲安抚孩子说不要紧。可是,孩子却要求母亲回去跟服务员道歉,并把那个小配件还给他们,这让母亲出乎意料,她没想到儿子小小年纪责任心却很强。虽然儿子根本就不知道责任心是什么含义,但他却知道既然是自己弄坏的东西,就要承认错误,向别人道歉,在他的潜意识里,他感受到自己应该承担责任。

于是,母亲带着孩子返回柜台说明了情况,而柜台的服务员没有指责孩子,欣然接受了孩子的道歉。

的确,我们看到了勇于承担责任的人身上表现的那种精神让人敬佩,这也就引出了责任的第二层含义,既然把事情弄砸了,就要担当起你应该担当的责任来,这不仅是勇气的体现,还是一种品质的体现。

我们在说到"把老板当成小孩"那一个论题中,说到了老板的很多做法和小孩雷同的事情,在责任的这一层含义中,老板也表现出一种小孩式的做法,每当员工做错事情,一定要找出那个把事情办砸的人。

我们知道,当小孩发现某件事情被弄坏了,比如他发现自己的玩具被别人不小心弄坏时,他吵闹着要知道是谁把他的东西弄坏了,如果你不告诉他是怎么弄坏的,他会一直不依不饶。当他知道答案后,虽然不懂得多少道理,但也好像明白了事情的原因,他就会安静下来。老板也这样,当员工把某项工作办砸时,他的第一反应就是找出一个对这件事情负责的人来。办错事的人如果千方百计推托自己应负

迷茫时，冒险指引你

的责任，老板也会不依不饶，他必须找到一个人来对事情负起责任。所以，如果自己办错了事，就应该担负起责任，这是做事情应该遵循的规则。

然后，我们再说说担负起责任之后应该如何做。担负责任的目的就是要拿出一个解决方案，也像小孩子一样，如果有人出来说重新买一个新玩具给他，阴郁肯定立即变成高兴。老板也会有同样的表现，如果你能负责并把事情解决好，他虽然不会像小孩那样单纯的开心，但也会对勇于负责并解决问题的人大加认同。

综合以上种种因素，我们可以得出结论，对于一个员工来说，责任心是不能或缺的，我们也只用勇于承担起责任，才会更加出色。

第六章
责任是冒险的重点

■ 不要逃避

　　1904年，在苏格兰作家詹姆斯·巴里的笔下，诞生了一个名叫彼得·潘的通话人物，他出生在梦幻般的"永无乡"里，永远不会长大，也没有什么忧愁和烦恼，当然，也不必承担什么责任。这一形象一经出炉，就被很多人追捧，成为一个家喻户晓的童话人物，并被多次搬上了银幕。

　　本来，像彼得·潘这样的人物，只能出现在童话里面，在现实生活中是不可能存在的。因为从一来到这个世界上开始，就难免会承担一定的责任和义务，这是每个人都逃避不了的。可是在现实生活中，总有一些人害怕承担责任，宁愿让自己像个孩子一样，不敢直面现实。

　　王茜和丈夫结婚不久，两人之间的矛盾就产生了。丈夫是一家私立学校的教师，可是整天嬉皮笑脸的，在学术和工作上也毫无进取心，遇到什么事情总是唯唯诺诺的。这让王茜很反感。另外，他的很多行为也令王茜很不解。

　　丈夫很喜欢收藏一些电动小火车、遥控汽车之类的儿童玩具，问他原因，他说是等两人有了孩子，孩子长大后给他玩，可实际上他比孩子都喜欢玩这些玩具。他还把大部分的闲暇时间都用来玩电子游戏。

　　万般无奈之下，王茜向心理医生求助。医生通过一段时间的观察之后，对她说，她丈夫的症状是不折不扣的"彼得·潘综合症"，患有这种症状的人，尽管生理年龄已经是成年人了，可心理年龄却远

迷茫时，冒险指引你

远不能与之相适应。他们的言谈举止十足是一个孩子，总是在逃避责任、逃避生活，也从来不去考虑一些长远的事情。

王茜一想到自己要跟这样的一个人过一辈子，就觉得万念俱灰。半年之后，两人办理了离婚手续。

本来，从心理学的角度上讲，"逃避"是人的一种普遍的心理现象，比如：遇到难以解决的事情时，会想到逃避责任；当工作中出现什么纰漏时，会不想上班；看到自己不喜欢的人时，宁愿绕道也不想与其见面；付出了努力却没有完成的事，会尽量避免再提起；工作很长时间仍不见什么业绩，会想着换一个工作环境等。

有时候，逃避是对自我的一种保护，一如走在大街上，突降大雨，每个人都会下意识地紧跑几步，找一个地方躲雨。可是对于生活中发生的一些事，我们是不能逃避的，逃避则意味着懦弱，意味着脱卸责任，而这对于一个成年人来说，是不能容忍的。

其实，一个人的成长过程，就如同虫茧蜕变成美丽的蝴蝶一样，必须要经受一些磨难和苦痛。生物学家说，飞蛾在做蛹时，翅膀是萎缩不发达的，因此在出茧时，必须要经过一番挣扎，身体中的体液才会流到翅膀上，也才能有力地拍打着翅膀，在空中飞翔。

一个人从一棵树旁经过，看到一只快要裂开的虫茧。于是他停下脚步，耐心地在旁观察着。只见蛾在里面挣扎着，可就是挣不脱茧的束缚。这个人终于失去耐心了，他找来一把剪刀，在茧上面剪了一个小洞，让蛾能比较容易地爬出来。果然，不大一会儿，蛾就很容易地爬了出来，可是身体却异常臃肿，翅膀也是萎缩着的。这只蛾非但没像那个人认为的那样，展开翅膀飞到空中去，反而很痛苦地爬了一小段距离，就死去了。

第六章
责任是冒险的重点

　　也许是因为现在的社会有着太激烈的竞争，互相之间的倾轧也越来越残酷，使得很多人渴望能回归到孩子那样纯净的世界里去，于是他们变得不敢于面对现实，逃避自己应承担的责任，可是他们却没有意识到，自己这样一味地逃避，最终难免会如同那只得人力爬出茧的蛾一样。使人成长的并非年龄，而是经历，也只有跋涉过人生中那些泥泞艰难的路程，一个人才能真正成长起来。

迷茫时，冒险指引你

■ 对工作负责是应尽的责任

美国独立企业联盟主席杰克·法里斯在少年时曾有过这样一段经历：

那年他13岁，在父母开的加油站工作。那个加油站有三个加油泵、两条修车地沟和一间打蜡房。法里斯本意是去那里学修车，可父母却让他在前台接待顾客。

每当有汽车开进加油站时，法里斯必须抢先在车子停稳之前就站到司机门前，然后忙着去检查油量、蓄电池、传送带、胶皮管和水箱。不久，法里斯发现，如果自己的态度热情、干的活儿也不错的话，大多的顾客还会再来。于是，法里斯总是争取多干一些，比如帮助顾客擦去车身、挡风玻璃和车灯上的污渍等。

一段时间，有一位老太太每周都会开着车来加油站清洗、打蜡。只是这辆车的内地板有很深的凹陷，打扫起来很麻烦，也很费力。另外，这位老太太还是一个很难伺候的人，每次当法里斯给她把车准备好时，她都要自己再仔细地检查一遍，让法里斯重新打扫，一直到清除掉车子里的每一缕棉绒和灰尘，她才会满意地开着车离去。

终于有一天，法里斯再也不能忍受下去了，当那位老太太再次开着车来到这里时，法里斯拒绝为她服务。这时，法里斯的父亲走了过来，一声不吭地帮老太太打扫干净车子。当老太太满意地离去之后，父亲对站在一旁的孩子说："孩子，记住，这是你应该做的，无论顾

第六章
责任是冒险的重点

客说什么或者做什么，你都要记住，这是你的工作，你就应该把它做好，并以应有的礼貌去对待顾客。"

父亲的话对于法里斯的影响是深远的，以至于在多年之后他仍然如此说道："正是在加油站的工作使我学到了严格的职业道德和应该如何对待顾客。这些东西在我以后的职业经历中起到了非常重要的作用。"

那些在工作中总是抱怨，心怀不满，为了开脱自己寻找各种借口的人；那些敷衍客户，不能尽自己最大努力满足客户要求的人；那些对待工作毫无激情，总是推卸责任，不知道反省自己的人；那些不能按时完成各种工作的人，现在最好的行动就是：端正自己的坐姿，然后大声而坚定地对自己说：这是我的工作！

的确，这是你的工作。既然你选择了这个职业，选择了这个岗位，就必须尽自己的最大能力将其做好，而不应该仅仅享受它给你带来的利益和快乐。

美国前教育部长威廉·贝内特认为："工作是需要我们用生命去做的事。"因此，对于工作我们不能有丝毫的懈怠和轻视，应该怀着感激和敬畏的心情，尽自己最大的努力，争取把它做到最好。因为，这是你的工作，为此而付出的努力、洒下的汗水，都是你应该做的。

迷茫时，冒险指引你

■ 借口是成功的绊脚石

　　成功者找方法，失败者找借口。无论是企业，还是个人，远离了借口，就离成功越来越近，一旦选择了借口，便无可救药地陷入了死亡的泥潭，犹如落入虎口的羔羊，毫无招架之力只能束手就擒，一命呜呼了。所以，要拯救自己，要在竞争中立于不败之地，首先必须尽力清除借口。

　　大多数的成功者，他们从不编织借口逃脱自己的责任，他们往往对每件事情都是神情专注、干劲十足地全心投入，他们都拥有一种不达目的誓不罢休的心态。同时，在这些成功者的心里根本就没有想到去找借口，在他们的心里也根本没有想过失败的念头。

　　拒绝一切借口，不是冷漠或缺乏人情，而是对人对事至大至善的关注与支持，竭尽所能将可能的伤害与打击降至最低。在我们的心里，我们要防范一切借口，摒弃一切借口。

　　不找任何借口，在任何时候都是成功者的关键因素之一，不管是做企业的还是保卫国家的士兵都一样。面对腥风血雨、风云变幻的战场，那么肩负自己和他人生死存亡乃至民族国家安危重任的士兵来说，当他们选择了这个职业时，那么借口这个词在他们的眼中或心中已经不重要了。因为在他们的心目中只有"是"、"不是"这两种回答。因为他们不会为自己找任何借口来为失败辩解。

　　在我们身边的生活与工作中，借口如幽灵般四处游荡，肆意横

第六章
责任是冒险的重点

行。有的人有意无意地编织着各种各样冠冕堂皇的借口，有的人绞尽脑汁寻找借口，有的人处心积虑制造借口。不管怎么说，他们最后的意思就只有一个，用借口来做他们的挡箭牌。

如今各种借口随处可见，已经成为普遍存在的社会现象。我们经常可以听到类似这样的话："对不起，我迟到了。本来我应该很早就到的了，但这些天在修路，由于路上堵车我才来晚的。""这不是我的错，如果不是他们这么晚才把我所需要的材料送来，我的工作早就完成了，也不会等到现在。""他们做决定的时候根本不听我的建议，这不是我的责任。""我的任务是只管工作，不能做任何决定。""是的，这个月我的销售额下降了，但我联系到几个新客户。""下个月我会更注意的。""今天太晚了，我想我明天一定能做完的。"上面这些话，好像都是合情合理的解释，也似乎是正当有力的理由。总之，对于一部分人来说，事情做砸了有借口，工作没完成也有借口。只要他们有心去找，借口将无处不在。人类似乎天生就具有利用现有条件制造出自然的、恰当的、富有创造性的借口的本领。

现在很多企业都患这样的通病，那就是被这样那样的借口严重干扰了公司的正常运行，这些借口危害了企业的合理利益。任何企业只要放纵借口与企业的生存发展密切联系在一起，那么只要有它存在，迟早会有一天将把企业送上土崩瓦解的"断头台"。

对于以上所说的，解决的办法很简单，那就是彻底地消除它，只有消除了它，企业才能拥有重见天日的希望，才能迸发重新再来的活力与能量，才能克服重重困难，争取胜利。企业与借口是对立冲突，势不两立的，必须将借口赶出公司。

从表面上来看，借口伤害到的是公司，是企业，但认真地思考、

迷茫时，冒险指引你

分析就会发现，真正受伤害的是那些遇事找借口的人。因为，他们用借口来隐蔽他们所有的不良行为，最终导致了他们必将为自己不负责任的行为付出高昂的代价。这一部分人可以为个人谋取短期利益与暂时的福利，把属于自己的过失掩盖掉，把应该自己承担的责任转嫁给他人。但时间一长，不管是他们，而是其他的人都会发现，他们扼杀的是自己的才能，泯灭的是自己的创造力。所以，借口无异于是使自己的生命枯萎，将自己的希望断送，其一生只能做一个庸庸碌碌、无所作为的懦夫。

我们每个人都肩负着责任，因为存在这样或那样的责任，所以我们必须去行动。但是，借口却让我们忘却了责任。寻求借口的人经常做的事，就是将自己的责任推到别人身上，一旦他们这种行为养成了习惯，那么，他们的责任心也就烟消云散了。其实把话说开，对于遇事找借口的人，我们就只有这样的话去说了，那就是他们面对自己的工作，常常无力承担，也不会想去承担，他们往往是缺乏在工作中磨炼自己、提高自己的愿望，缺乏积极向上、艰苦奋斗的意志，缺乏面对困难挑战的勇气与承受挫折失败的心智。这些人渴望轻松享受，甚至期望能够不劳而获。也正是由于他们的这种想法，借口成为他们掩饰弱点、推卸责任的有效武器。利用借口，他们将本该自己去做的事情推向别人，在劳累别人、牺牲别人中放松自己、保全自己。这样的人，是愚蠢的人，同时也是聪明的人。

为什么说他们聪明呢？至少他们知道如何来保全自己。其实如果他们能把找借口的这种聪明才智放到工作上，我想这些人也不会比别人差，有的甚至会比其他人更好。可事与愿违的是，这些人，他们不明白在每一个工作，每一个困难背后都蕴含着很多个人成长的机会。

第六章
责任是冒险的重点

努力工作，克己尽职，工作本身自然会带给你无数无价的回报。譬如可以开阔自己的视野，发展自己的技能，拓展自己的领域，增强自己的判断力与决策力等。他们不理解，任何人的任何能力从来都不是先天给予的，而是在长期工作中积累和学习的。只有在工作中，人才能学会正确地了解自己，发现自己，使自己的潜力得到充分的展示。所以，这些依靠借口逃避工作的人，他们的一生已经注定是一个一事无成的人了。

哪里有借口，哪里就有过失。畏难情绪，悲观郁闷，回避问题，不愿承担风险，就没有竞争力。办事抓不住关键，缺乏责任心，造成低效合作、不可信任等消极影响。借口，绝不是一个可以忽略不计的小问题，而是侵蚀企业生命的毒素，是通向个人成功最大的绊脚石。

迷茫时，冒险指引你

■ 把事情做到最好

许多年前，有一家五兄弟，他们分别从事不同的工作，但有一个相同的特点，他们所从事的工作都和铁有关，兄弟五人的感情很好，几乎每年都要聚在一起过春节。

那一年，大哥提出了一个要求，希望几兄弟能带上自己的工具回到家，然后在家里来一次制铁大比赛。其他兄弟都很高兴，因为他们认为这样做更能加深兄弟间的感情。

大哥是一位40多岁的老铁匠了，他的技术并不高明，只是把那块铁打成了一堆铁钉，他还为此感到高兴。因为他在心里想：把一块值几元钱的铁变成一堆值20多元钱的铁钉已经不错了。

接着，老二又开始了他的工作，他也是一名铁匠，不过他只打造刀具，他的技术比大哥好一些，他把铁器熔化，然后取出来，经过多次的锻冶，再经过多次的敲打，最后细致耐心地进行压磨抛光，做成了一套家用的刀具。铁匠所制造的这套刀具能卖上500元。

这时，老三又来了，他对老大和老二说："你们虽然都把这块铁的价值提升了几倍甚至几十倍，可是你们还没有把这块铁的价值全部挖掘出来，在我看来，你们只挖掘出了它总价值的二分之一。"

老三是一位技艺精湛、眼光独到的工程师，他有着很高的理想和卓越的信念，同时他也受过较高的文化教育，他用仪器从多方面把这块铁的结构测出来，然后用机械把它制成了最精致的绣花针。

第六章
责任是冒险的重点

在老三看来，他已经把这块铁的所有价值完全挖掘出来了，已经没有任何人可以把这块铁制造得更有价值了。可是事实并不是他所想的。

四弟是一位从事手表生产制造的工程师。他对三哥说道："你的绣花针的确把这块铁的价值提升到了一个高度，可是你还没有真正地挖掘出这块铁的真正价值，你们看我的表演，我一定把这块铁变得更有价值。"

四弟把这一块铁制造成了许多精细的钟表发条。他所制造的这些发条，获得了几个哥哥和小弟的一致认可，都认为他所制造的发条已经达到了10万左右的价值。

已经加工过铁块的四人都静静地看着最后的小弟，因为在他们心里认为，这块铁已经让四弟把所有的价值都榨干了，他们在等待着小弟的放弃。

小弟是一名博士生，在国外刚留学回来一年多，自己开了一家公司，也是这家公司的技术总工程师，他对四位哥哥说："在我的眼里，这些精细的发条也不是最能体现这块铁蕴藏的真正价值的东西。如果用这块铁制成一种弹性物质，再采用许多精加工和细致锻冶的工序，把它变成一种几乎看不见的精细的游丝线圈，价值一定比这要高许多。"

小弟一边说一边做，经过他的一番艰辛劳动之后，他已经把仅值几元的铁块变成了价值100万的产品，他的这种产品已经超过了黄金的价格。

最后小弟还把另一部分铁块做成了另一种价值更高的产品，在他的精雕细刻之下所呈现出的东西使钟表发条和游丝线圈都黯然失色。

迷茫时，冒险指引你

这种产品正是牙医用来勾出最细微牙神经的精致勾状物，它的价值还是游丝线圈的几倍。

一块普通的铁块，经过这几个兄弟不同的加工方式，体现了不同的价值，由此，我们可以得出这样的一个结论：人的创造力是无止境的，只要我们敢于树立创造的信念，始终怀有要做一流人一流事的信念，我们就能创造出奇迹，化腐朽为神奇。

我们的世界需要那些标新立异者，因为他们能脱离世俗的羁绊，另辟蹊径。同时，他们也是身具坚定信念的人，他们一直都在追求做一流人一流事的原则。我们可以在他们身上学到这样的一种启示：成功的利器就蕴藏在自己的体内，这些利器就是我们自身的才能、勇气、坚定的信念、良好的创造力与品格。

那些不能成功的人，或者一辈子都在底层打转的人，他们也努力了，只是没有做到追求尽善尽美。尽善尽美是我们每个人都应该信奉的人生格言。只有怀着不达目的不罢休、任何事都力争完美的人，才能走向成功。也只有这样的人，才能在这个竞争残酷的社会里生存并且发出耀眼的光芒。

第六章
责任是冒险的重点

■ 勤奋可以创造一切

成功与不成功之间只有一丁点的距离，并不是许多人想象的那样，是一道巨大的鸿沟。阻碍你成功的这点距离就在于：你只要每天比别人多做一点、多学习一点、多勤奋一点、多行动一点……

钢铁大王安德鲁·卡内基刚10岁时为了给家里分担一些负担，他选择了进入工厂做童工，当时他进入了一家纺织厂，每月只有7美元的薪水。为了挣到更多的钱，安德鲁·卡内基又找了一份烧锅炉和在油池里浸纱管的工作，这份工作每个月只比纺织厂多挣3美元。油池里的气味令人发呕，加煤时锅炉边的热气，使安德鲁·卡内基光着的身子不停流汗，可是他一点都不在乎，仍然努力地工作着。当然，他内心很不愿意就这样度过一生。

为了能找到挣钱更多的工作，安德鲁·卡内基在劳累一天后，晚上仍然要坚持去夜校参加学习，每周有3次课。正是这每周3次的复式会计知识课给安德鲁·卡内基成立他巨大的钢铁王国打下了坚实的基础。

1849年安德鲁·卡内基迎来了他的第一次机会。那年冬天，他刚从夜校回家，姨夫给他带来了一个很好的消息，说匹兹堡市的大卫电报公司需要一个送电报的信差。安德鲁听到这个消息，非常的高兴，因为他知道机会来了。

一天后，安德鲁穿上了他很长时间都不舍得穿的皮鞋和衣服，在

迷茫时，冒险指引你

父亲的带领下来到了大卫电报公司。安德鲁为了给面试者一个良好的形象，他让父亲在大门口停了下来，他对父亲说："我想一个人进去面试，父亲你就在外面等我吧！我对自己有信心。"其实，安德鲁这样做不只是给面试者一个好的形象，更加重要的是他害怕自己的父亲说些不得体的话冲撞了主管，使他失去这次机会。

安德鲁一个人到了二楼面试，面试的人正好是大卫电报公司的拥有者大卫先生，大卫对这个面试者先是打量了一番，然后问安德鲁："匹兹堡市区的街道，你都熟悉吗？"

安德鲁对于匹兹堡市的街道一点都不熟悉，但他语气坚定地对大卫说："不熟悉，但我保证在一个星期内熟悉匹兹堡的全部街道。"然后又对他自己的形象补充道："我个子虽然很小，但比别人跑得快，您不用担心我的身体，我对自己很有信心。"

大卫对于安德鲁的回答非常满意，然后笑着说："好吧，我给你每月12美元的薪水，从现在起就开始上班吧！"

大卫的认可，使安德鲁的人生迈出了第一步，而这时的安德鲁才14岁，对于现在的人来说，14岁刚好从小学毕业进入初中的学堂。

一个星期很快过去了，安德鲁也实现了对大卫先生的承诺，他完全熟悉了匹兹堡的大街小巷。安德鲁在熟悉了市内街道一星期后，又完全熟悉了郊区的大小路径，就这样安德鲁在一年后升职为管理信差的管理者。

安德鲁在工作中的勤奋很快得到了大卫的赏识。一天，大卫先生单独把安德鲁叫到了办公室，对他说："小伙子，你比其他人工作更加努力、勤奋，我打算给你单独算薪水，从这个月开始你将会得到比别人更多的薪水。"当时安德鲁很高兴，那个月他得到了20美元的薪

第六章
责任是冒险的重点

水,对于15岁的卡内基来说,这20美元可是一笔巨款。

在工作期间,安德鲁每天都提前一至两个小时到公司,他会把每一间房屋都打扫一遍,然后悄悄地跑到电报房去学习打电报。对于这段时间安德鲁非常珍惜,正是这样日复一日地学习,他很快就掌握了收发电报的技术,以后的日子他的技术越来越好。后来安德鲁成了公司里首屈一指的优秀电报员,而且职位再一次得到了提升。

在电报公司工作的这段时间,对于安德鲁来说是他"爬上人生阶梯的第一步"。在当时,匹兹堡不仅是美国的交通枢纽,更是物资集散中心和工业中心。电报作为先进的通信工具,在这座实业家云集的城市里有着极其重要的作用。安德鲁每天行走在这样的环境里,使他对各种公司间的经济关系和业务往来都非常熟悉,也使他得在无形中学到了更多的经验,使他在日后的事业中得到更多的益处。

是啊!安德鲁的成功完全源于他的勤奋。每一个人只要在工作中比他人更努力、更勤奋,就能够获取更多、更大的成就。

哈默曾经说过:"幸运看来只会降临到每天工作14小时、每周工作7天的那个人头上。"在他的一生中,他是如此说的,也便如此做的,他90多岁时仍坚持每天工作十多个小时,他说:"这就是成功的秘诀。"巴菲特也认为,培养良好的习惯是获得成功很关键的一环。一旦养成了这种不畏劳苦、敢于拼搏、锲而不舍、坚持到底的劳动品性,无论我们干什么事,都能在竞争中立于不败之地。古人云:"勤能补拙是良训",讲的也就是这个道理。

俗话说:"勤奋是金。"我们只有通过不断地努力,才能使自己变成一块金子。一个芭蕾舞演员要练就一身绝技,不知道要流下多少汗水、饱尝多少苦头,一招一式都要经过难以想象的反复练习。著名

迷茫时，冒险指引你

芭蕾舞演员泰祺妮在准备她的夜晚演出之前，往往要接受父亲两个小时的严格训练。歇下来时，筋疲力尽的她想躺下，但又不能脱下衣服，只能用海绵擦洗一下，借以恢复精力。当她在舞台上时，那灵巧如燕的舞步，往往令人心旷神怡，但这又来得何其艰难！台上一分钟，台下十年功！

我们要看到，任何成功都不是轻易获得的，任何巨大的财富都不可能唾手而得，都是要经过勤奋才会有所收获。千里之行，始于足下。不积跬步，无以至千里；不积小流，无以成江海。

李嘉诚说道："耐心和毅力就是成功的秘密。"是啊！没有播种就没有收获，光播种，而不善于耐心地、满怀希望地耕耘，也不会有好的收获。最甜的果子往往是在成熟时！

在我们的人生旅途中，最后我们都会产生"勤能补拙"、"勤奋可以创造一切"这样的感悟。但是，我们会从中受到多少启发呢？我们依旧在工作中偷懒，依旧好逸恶劳。甚至有人把工作当成一种惩罚，这样的工作态度，可能获取成就吗？在这个人才竞争日趋激烈的职场中要想立于不败之地，唯有依靠勤奋的美德——认真地完成自己的工作，并在工作中不断地进取。

第七章

打破现有思维

> 世界上的任何事物都是不断变化着,没有一成不变的,尤其在这个激烈的竞争环境中,变化更是日新月异,因此,想要有所发展就要打破现有思维,勇于创新。

第1章

王朝時代の文学

第七章

打破现有思维

■ 唯有创新

所谓创新,就是在工作中另辟蹊径,开创出一个完全与以前不同的局面。在现在这个竞争异常激烈的市场中,也许你仍旧处于优势,可若失去了创新精神,优势也只能是山雨欲来前的花朵,终究会被风雨吹落。拥有创新精神,可以让你更上一层楼,使优势更加明显;若是你已经处于劣势的地位,那只有创新才可以使你从困境中抽出身来,甚至还可以让自己变劣势为优势,扭转不利的局面。

皮尔·卡丹一直认为,一个人要想取得成功,就必须不断地进行创新,先有设想,然后付诸实践,同时不断地自我怀疑,这就是成功的秘诀。

皮尔·卡丹曾经一无所有,但是后来他却创立了自己的商业帝国,成就了另一个商业神话。所有这一切的拥有,只缘于他坚持了两个字:创新。

23岁那年,踌躇满志的皮尔·卡丹骑了一辆自行车便只身来到了巴黎。他先在当时巴黎一家最负盛名的时装店里当了5年学徒。由于聪明好学,很快从设计、裁剪到缝制的各种技术他就都掌握了,并有了自己对时装的独特理解。他认为时装是"心灵的外在体现,是一种和人联系的礼貌标志"。

为了把自己对时装的这一理解展示出来,他举办了一个时装展示会。他聘请了20多位漂亮的女大学生,在巴黎举办了一场别开生面

迷茫时，冒险指引你

的时装展示活动。模特们身穿各式各样的服装，闪亮登场，给人以耳目一新的感觉。时装模特的精彩表演，使皮尔·卡丹获得了巨大的成功，巴黎几乎所有的报纸都在头版头条报道了这次展示会的情况，订单也像雪片一般飞来。

后来，他又把目光投向了新的领域。他在巴黎创建了"皮尔·卡丹文化中心"，里面设有影院、画廊、工艺美术拍卖行以及歌剧院等，成了巴黎的一大景观。他还涉足餐饮业，收购了濒临破产的"马克西姆"餐厅。这是一家高档餐厅，建于1893年，有着悠久的历史。当时好多外国企业都对这家餐厅产生了觊觎之心，但是最后，皮尔·卡丹以150万美元的价格拿下了这家餐厅。他改变了以往的经营方式，尽管餐厅仍是经营法式菜肴，但餐厅的服务水平却大大提高。结果，这家餐厅不但复活了，而且其影响力甚至波及全球。

要想在商场上立于不败之地，唯有创新；要想取得更好的发展和进步，唯有创新；而一个籍籍无名的人要想有所成就，让成功的光环笼罩在自己头上，也唯有创新而已。这几乎成了商场上的生存法则。三星是电子产品中的领头羊，它取胜的秘诀就离不开创新。在产品策略上，三星始终以最酷、最时尚的产品引领着电子产业的潮流。其移动电话、存储芯片以及摄像机一直领先于它的竞争对手。它的产品更新速度比世界平均水平快1~2倍，常令竞争对手感到莫大的压力。

三星的设计就是以市场作为导向的，这种设计将统一的三星品牌形象融入每一个产品。三星极其重视细节的变化，所研发的每一款新型产品都紧跟时代潮流，受到年轻人的追捧，而年轻人往往又是消费这类电子产品的主要顾客，因此也为它带来了可观的利润。

后来，为了更好地适应企业的发展，三星内部又进行了改革，把

第七章
打破现有思维

所有力不从心的产业统统裁掉，把所有的资产集中于优势部门。正是这种集中战略使三星度过了亚洲金融危机的风暴。后来，三星内部还实行了裁员，大大提高了工作效率，节省了开支，还裁并了一些华而不实的项目。

大胆创新，锐意改革。三星正是因为秉承了这样的企业理念，才能在激烈的商战中始终立于不败之地，并时刻引领着时代的潮流。

创新，就要敢于打破以往的规则。其实，规则本来就是由人制定出来的，目的是让一切更加井然有序，可是另一方面，规则又可能成为人们头脑中的一种桎梏。事情总是变化的，规则也应该随之而改变。我们不仅应该成为游戏的参与者，还应成为游戏的制定者。而要做到这一切，唯有创新。

迷茫时，冒险指引你

■ 打破现有的思维

我们都知道，物体在运动的过程中会产生一定的惯性，我们的思维，也是如此。有时，我们应该将这种惯性加以利用；有时，我们也必须打破这种惯性，跳出常规性思维。

唐朝中叶，安禄山叛乱。叛军一路势如破竹，这一日来到了雍丘。雍丘的首将张巡，是当时的一员名将。他善用奇兵，常常令对方防不胜防。叛军攻了40余天，也没有取胜，而此时，城内情况也不妙。由于连日激战、补给不足，城内的箭都已用完。后来，张巡想了一计。他命士兵扎了好多草人，然后给这些草人穿上黑衣，趁夜深人静之际，放下城去。正在围城的叛军见到，以为唐军想要偷越出城，于是一阵乱箭射来。等草人身上扎满了箭，士兵们便把草人提上来。如是三番，他们用这种办法得到了十几万支箭。

后来，消息传了出去，叛军们这才知道自己上了当。又一夜，城头又放下一些黑衣人。叛军一见哈哈大笑，说张巡又在骗我们的箭了，不用理他。可不一会儿，那些草人却不见了，叛军还以为张巡等不急把草人收回去了。谁知夜深人静之时，突然跑出一支唐军，摇旗呐喊向叛军阵营冲杀而来，城内的唐军也擂鼓呐喊。叛军此时一个个睡得正酣，没有丝毫的准备，还以为是城内的援军到了，一时惊慌失措，个个落荒而逃。

其实，这又是张巡用的一计。原来夜间从城上吊下的是唐军的

第七章
打破现有思维

"敢死队"。他们下城之后便找地方埋伏起来,待夜深人静之时突然杀出,令对方手忙脚乱。其实当时敢死队一共只有500人。就这样,敢死队和城内的唐军一起追杀,取得了胜利。

张巡之所以能取胜,就是因为他抓住了人们思维上的惯性。

惯性有时也会成为我们思想上的一种障碍,这时,我们就要学会跳出思维定势。大家可能都听说过小象的故事。当小象很小的时候,就给它系上链子,将它拴住。开始小象会拼命的反抗,但是几经挣扎,却毫无用处,反而弄伤了自己。它以为自己无能为力,于是也就不再反抗。直到后来,它慢慢的长大了,这时只要它稍稍用力,便可以将绳索挣断。但是它已经被自己的思维限制在那里,不再反抗,所以你就会很惊奇地发现一只重达几千斤的大象却被一根很细很细的索链困住的怪现象了。

一个人的思想如果总是被限定在一个框架内,就会僵化。因此,我们要勇于跳出思维定式,只有这样,才能有所创新,有所突破。

有一个富翁,年事已高,便打算把自己的家业交给自己的儿子掌管。但他有两个儿子,而且个个都很聪明伶俐,所以这让他感到很为难,不知到底该把家产交给谁。

一天,富翁终于想出了一个办法。两个儿子都很喜欢骑马,于是他便打算用赛马的办法来决定人选。

风和日丽的一天,他带两个儿子来到赛马场,对他们说:"我知道你们都很精于骑术,这里有两匹同样好的马,你们每人一匹,谁若胜了,我就把全部家业交给他。"

然后,他把这两匹马分别交给两个儿子。两个儿子分别打量着自己的马匹,查看马鞍等是否齐全,生怕会有什么疏忽。

迷茫时，冒险指引你

这时，富翁宣布了他的比赛规则："从这里出发，然后绕赛场一圈，谁的马'慢到'，谁将获胜。"

两个人顿时呆住了，不相信自己的耳朵。因为在他们的印象里，赛马比的都是速度，谁快谁赢，怎么会比慢呢？

正在他们发愣之际，只听富翁喊道："一、二、三，比赛开始！"两个人还是在那儿傻站着，一动也没动。还是弟弟反应快，他突然扔掉了自己的马，骑上了哥哥的马，然后快马加鞭，飞奔而去。哥哥还是没有反应过来，心说他怎么骑我的马呀。当他明白是怎么回事时，已经太迟了。弟弟骑着自己的马，已经遥遥领先，任他怎么追也追不上。结果，弟弟骑着自己的马最先到达了终点，而自己骑着弟弟的马，却远远落在后边。就这样，弟弟赢了。

富翁见到这种状况，高兴地拍着小儿子的肩膀说："你可以想出有效的办法，这说明你有足够的智慧可以掌管家业。现在我就宣布，把全部家产交给你。"

既有的知识和经验会成为我们成功的一种借鉴，也可以成为我们思维上创新和进步的一种羁绊。在生活中，我们总会看到一些在我们眼里行为怪异的人，但是却往往很能吃得开，取得一些惊人的成绩。因为这些"怪人"的思想如天马行空，不受任何的束缚和羁绊，所以，他们往往会用一种令人防不胜防的方式去做事，因而也就能取得成功。

一个人，如果可以跳出思维的定式，那么新的境界就会洞开，新的想法就会诞生，而人生也自然就会取得突破了。

第七章
打破现有思维

■ 创新才有竞争

一个周末的上午，某百货商店早早地就打开店门，把库存以久的衬衫拿出来摆在门口，经理想：今天也许会有一个比较好的销量。可是谁知都快过10点了，仍旧没有人问津。面对着这样的情景，经理的心仿佛被油煎一样难受：仓库里积压了大量的衬衫，要是再处理不出去的话，这个季末的销售计划又无法完成了。可是如何才能将它们完全销售出去呢？就在他一筹莫展的时候，抬头看到街对面的水果店前排着长队的人们在买苹果，不断有人叫喊："每人只能买一公斤！"看到这幅场景，他忽然计上心来，于是立即拟写了一张广告挂在商店门口，并严厉吩咐售货员："未经我批字许可，每人只准买一件！"

没过几分钟，一个顾客敲开经理办公室的门走了进来，说："能不能多卖给我几件，我有一大家子人呢？"

"很抱歉，实在是货源不充足。"

见经理这样说，顾客显得很失望，正准备转身离去，经理又说："就卖给你3件吧，多了我也无能为力。"说着，迅速写了一张条子递给喜出望外的顾客。这位顾客刚离开不一会儿，又有一位顾客闯了进来，并大声嚷道："你们根据什么限量出售衬衫？"

"根据实际情况，"经理回答，"我破例给您两件吧。"

有一个年轻人在一个小时内几进几出，买到了大批衬衫。办公室的电话铃声不时响起，顾客络绎不绝地进出，经理都有点应接不暇

-199-

迷茫时，冒险指引你

了。百货商店的门口排起了长长的队伍，赶来维持秩序的警察，每人优先买到了一件衬衫。就这样，所有积压的衬衫被抢购一空。

看到别人未曾看到的，想到别人未曾想到的，这就是创新。它需要一个人除了具有独到的眼光之外，还要有过人的胆识和立即附诸行动的决心。

上个世纪50年代，松下电器与生产电气精晶的大阪制造厂合资，创建了大阪电气精品公司，开发制造电风扇。当时，松下幸之助委任松下电器公司的西田千秋为总经理，自己任顾问。

这家公司的前身是专做电风扇的，而且后来还开发了民用排风扇。但是相比而言，产品还显得很单一。西田千秋准备开发新的产品，试着探询松下的意见。松下对他说："只做风的生意就可以了。"当时松下的想法是想让松下电器的附属公司尽可能专业化，以图突破。可是松下精工的电风扇制造已经做得相当卓越，颇有余力开发新的领域。尽管如此，西田得到的仍是松下否定的回答。

然而，西田并未因松下这样的回答而丧气。他的思维极其灵敏，他紧盯住松下问道："只要是与风有关的，任何事情都可以做吗？"

松下并未细想此话的真正意思，但西田所问的与自己的指示很吻合，就回答说："当然可以了。"

四五年之后，松下又到这家工厂视察，看到厂里正在生产暖风机，便问西田："这是电风扇吗？"

西田说："不是。但它和风有关。电风扇是冷风，这个是暖风，你说过要我们做风的生意，这难道不是吗？"

后来，西田千秋一手操办的松下精工风的家族，已经是非常丰富了。除了电风扇、排气扇、暖风机、鼓风机之外，还有果园和茶圃的

第七章
打破现有思维

防霜用换气扇，培养香菇用的调温换气扇，家禽养殖业的棚舍换气调温系统……

只做风的生意，创新为松下公司带来了无数的辉煌。

其实，人类的每一次进步，都离不开创新。60万年以前，人类首先发现了火，先用它来照明，又用来取暖，接着还用于煮食、燃烧和爆炸。人类一直就在不断地改进旧有的发现和发明，以便能够进行新的发现和发明。

在现今的生活和工作中，创新的意识更是不可或缺。以求职为例，如果不采取有新意的方法，只是以传统的方法进行投递简历，或者其他的一些比较普遍的求职方法，那么在众多的求职者中，你就很难脱颖而出。同时，在选择工作的广度上，如果认为只有一种职业符合自己，这种思维肯定是错误的，因为它本来就缺少创意，仅仅是一种不愿努力改变自身被动状态的懒惰心理而已。

在职场中，很多人都会遇到人生的瓶颈，而此时，要想有更上一层楼的发展，就更缺少不了创新。所谓"人生瓶颈"，就是指一个人遇到了"关卡"——上不能上，下不能下；进不能进，退不能退。怎么办？唯有创新才是最好的出路。

迷茫时，冒险指引你

■ 独到的眼力

　　盲目跟风是我们大多数人都会有的毛病。当我们对自己不是很确定时，我们往往就会倾向于相信别人。而当我们对自己的判断有把握时，也常常会受到别人的影响。因为人们总是会有一种"从众"的心理，认为大多数人都那么做，就肯定是件好事，但却忘了考虑这件事是不是真正适合自己。就像高考时填报志愿，学生们或家长总会趋向于那些"热门"专业，因为这样才会心安。但当他们真正进入这个专业后却发现自己对它根本就没有兴趣，或在学成就业时发现这些"热门"专业比那些"冷门"专业更难找工作。

　　这种现象极其普遍，但是却有极大的害处。因为千军万马去挤同一个"独木桥"，那么大多数人都会成为落水者，所以还不如另辟蹊径，这样反而更易成功。凡是那些成功人士，他们都有独到的眼光，可以见别人之未见，闻别人之未闻。当大家都在争得你死我活、头破血流之时，他们却从从容容地从人群中抽出身来，向着另一条通往成功的路潇洒而去。

　　包玉钢生前是雄踞"世界船王"宝座的华人巨富，他在世界各地设有20家分公司，拥有200艘载重量超过2000万吨的商船，总资产达50亿美元。但他当初却一文不名，几乎是白手起家，所以，他的崛起令许多人都感到震惊。他，一个华人，没有任何背景，仅靠一条破船起家，就打破了洋人垄断国际航运界的历史。而之所以可以取得这样的

第七章
打破现有思维

成绩，与他独到的眼光是分不开的。

包玉钢并非出身于航运世家，因此，当初他并没有任何经验。中学毕业后，由于生活清苦，他换过不少工作，当过学徒、伙计，后来还做过生意。由于他工作勤恳且聪明伶俐，在他30岁的时候便成了上海工商银行的副经理。后来，他们全家迁到香港，他也从事过进出口贸易，却并没有太大收获。但是这次经历却也让他了解到了航运业的广阔市场，于是决定投身航运业。当时航运业竞争非常激烈，风险也很大，所以遭到亲朋好友的反对，父亲更希望他投身房地产业。然而他却相信自己的眼光，他认为香港航运的条件得天独厚，背靠大陆，通航世界，又是商业贸易的集散地。他确信，自己定能在这里开创一番新事业。

于是，他不顾众人的反对，开始了自己的创业生涯。由于他以前从事的是银行业和进出口业务，所以对航运业并不是很熟悉。而人们也觉得他是异想天开，因为他当时穷得连一条旧船都买不起，所以没有人愿意把自己的钱贷给他。但是，这并没有阻挡他进入航运业的信心。后来，在一位朋友的帮助下，他终于贷款买来了一条旧货船。而他也就是靠这条旧货船起家，克服了重重困难，不断壮大自己的事业，最后登上了"世界船王"的宝座。

如果，你总是跟随着别人的足迹，那么就只能去淘别人剩下的渣子。凡是有所成就的人，他们都有自己独到的眼光。当别人还在犹豫，还在考虑之时，他们却已经上路了。当别人醒悟过来时，他们却已经把所有金子收入囊中。

有人说，现代社会，比的不是学历、背景、资产，而是眼光。你比别人更有眼光，你比别人行动更快，那么你就能够在竞争中处于优

迷茫时，冒险指引你

势地位。这就要求我们要相信自己的判断，而不是人云亦云，失去了自己的主张。

独到的眼力，需要的不仅是一种准确的判断，更是一种坚定的自信，另外，当然还要有快速的行动。没有行动，那么所有的一切也都失去了意义。只要你将两者结合起来，你就肯定会取得成功。

独到的眼力需要我们有高度的洞察力，这是保证其有效实施的一个前提。

首先，洞察发展，以及时转变目标。事物总是在不停的发展变化之中，我们的思想、目标也应该随之及时调整，以便跟上不断变化的局势。如果我们的思想总是停留在一个阶段，不能适应变化的环境，就难免会遭到失败的命运。

其次，洞察变化，消解冲突。事物在变化，矛盾也随之而改变。我们只有抓住主要的矛盾，才能将问题解决。这就要求我们要对周围的环境有很强的敏感性，随时关注各种各样的冲突，洞察其内在及潜在的原因，预测可能的结果；控制和减少不良冲突的产生，并抓住主要矛盾，解决主要问题。

第七章
打破现有思维

■ 有创新，才能成功强者

亨利·彼得森出生在一个贫穷的家庭里，幼年时随父母移居纽约。16岁时，小亨利在纽约一家小有名气的珠宝店里当学徒，珠宝店的老板名叫卡辛，是纽约最好的珠宝工匠之一。

亨利一向认真严谨，每一件产品都必须亲自经过反复核对检查才敢出手，即便是一点小小的纰漏，也不会放过，他会让人拿去返工，直到满意为止。

亨利的手艺得到了上流社会的一致好评，越来越多的人知道了他的名字，找他的人也越来越多，一个人显然有点忙不过来了。就在这个时候，他的朋友詹姆斯因为与合伙人发生了纠纷而辞职不干了。亨利就把他请来一块干。可是由于订货的人越来越多，即使是两个人还是忙不过来，于是他们商量建立一个小型的工厂。

经过一段时间的筹备，他们创立了自己的公司。亨利知道要想在经营上生意兴隆，就必须有自己企业的经营特色。

亨利在珠宝构图和造型的表现手法上确实有自己的一套创意：为了表现爱情的美好与纯洁，他用白金铸成两朵花将宝石突出；为了表现一对恋人的心心相连，他把宝石雕成两颗心状；为了祝福新郎新娘未来的生活美满幸福，他在两个白金花蕊中各雕了一个天使般的男婴、女婴。这些前所未有的设计让他们的公司声名大噪，生意越来越红火，而且公司的规模也越做越大，从简单地加工过渡到了自产自销。

-205-

迷茫时，冒险指引你

有一次，一位富人上门拜访。那人拿出了一颗蓝宝石，要求亨利制作出一个与众不同的戒指，准备送给一位女明星做生日礼物。亨利和他的技术人员们经过激烈讨论，最后决定要勇于尝试，改变传统而古板的镶嵌工艺。

经过一个多星期的努力，他们发明了新的连接方法——内锁法。用这种方法制作出来的首饰，宝石90%暴露在外面，只有底部一点面积像果实与花蒂那样与金属相连接。这项发明还获得了专利，珠宝商们争相购买。而女明星成了亨利产品的广告模特，由于电影宣传活动让更多人知道了亨利的天才设计。

亨利取得了前所未有的成功，爱美的女士们以拥有他亲手制作的首饰而荣耀。而亨利却并没有因此而停滞不前，他又发明了"连钻镶嵌法"。这种做法能让原本一克拉的钻石看起来有两克拉那么大。正是别出心裁的设计使得他的事业如日中天。钻石大王就这样一步步走向事业的顶峰。

也许一个人的成功需要很漫长的一个过程，可是在每一个过程中，都不能缺少创新的精神，就像植物在春生、夏长的过程中不能缺少雨水滋润一样。

只有不断创新，并善于创新，才能保持自我更新。

对于每个人的发展来说，创新往往就是来自那"黑暗中闪出的一道光芒"，抓住就会有大的突破，熟视无睹，则只会留在原地。

或许，很多人在心中都有成为强者的想法，可却只有很少的人把这个想法变成了现实，虽然大家都同样为此而努力了。

其实，人很多时候就像宝石，尽管磨砺的次数越多，磨砺得越精美，价值就越高，但这毕竟只是人人都会想到的"土办法"。试着让

第七章
打破现有思维

自己学会创新吧，只有这样，才能使自己成为最终的强者。

迷茫时，冒险指引你

■ 仿也是一种创新能力

1964年的一天，停靠在科威特港口的尔·科威特号货船船身发生倾斜，最后，重达2700吨的船身连同船上载着的6000只绵羊，一起沉到了海底。如果不及时清理的话，羊群的尸体就会腐烂，港口会因此被污染。可是该怎样清理海底的绵羊尸体呢？最后科威特政府把这个烂摊子交给了船舶公司。

可是船舶公司也实在想不出清理绵羊尸体的办法来，就在人们都焦头烂额、手足无措的时候，有人想起了卡尔·克洛耶。

卡尔·克洛耶是丹麦的一位发明家。大家都说他是一个天才——他的发明包括脚踏车轮缘衬里、各种厨房用具、防滑公路路面，以及其他有用的专利品。这些发明不仅仅为他赚取了很多的金钱，也让他名扬世界。

科威特的船主们经过多方努力，终于找到了卡尔·克洛耶。卡尔接到这个难题之后，对船主们说，在海底是没办法进行清理工作的，必须先把货船吊出水面。船主们觉得他的意见很对，于是开始着手把货船吊出海面，可是他们尝试了所有的传统吊船方法，全都失败了。正当大家一筹莫展的时候，卡尔说他有个办法，虽然没有十足的把握，但很值得一试。卡尔亲自驾驶着一艘小船来到科威特港，船上装设着一条很长的注水水管，以及300亿个像豌豆一样大小的合成树脂弹丸。如果能把中空、密封着的且具有超强浮力的橡胶弹丸注射到沉船

第七章
打破现有思维

的船舱里头,那么船本身就会变得有浮力,从而浮到海面上来。

一切按计划进行,潜水人员们潜到海底去。他们根据指示行事,将事先准备好的胶弹丸注射进船舱里。经过几天的奋战,当浮力增加到一定程度,再用启动机器吊起沉船。就这样货船升上来了,任务顺利完成。

为此,卡尔获得了一笔相当高却十分合理的酬劳——18.6万元。而他的天才的创新也传遍了世界。在格陵兰的海岸外一艘船沉没了,船主来找他,用同样的办法,船也成功地浮起来了。

英格兰外海也有同样的情况,卡尔受托前去救援。最后,荷兰的凡·登·托克——欧洲最大的海难营救公司——与发明家克洛耶合作,如虎添翼。今日,人们照例使用合成树脂弹丸来使沉船浮升,而这在以前是做不到的。

如果卡尔·克洛耶的这种方法能够申请并获得专利的话,那他可能真的会财源滚滚而来。然而,他却无法为一种已经存在的观念获得专利权。因为卡尔的"空塑胶弹丸"的想法是"借用"的。他在一本杂志上读到类似的事。在这本杂志里,叙述了一艘下沉的游艇因塞满了乒乓球而浮出水面。

天才发明家和工程师卡尔·克洛耶记得自己在1949年出版的一份杂志中读到此事。让人意外的是,那只是一本漫画,卡尔·克洛耶这位天才背后的天才是迪士尼的"唐老鸭"。

一位以广告创意见长的资深广告人曾经说过,真正伟大的创意其实只有几个,更多的是在模仿。通过简单的模仿我们可以创造出完全不同的效果。在创新的道路上,模仿不等于机械地抄袭,而是在原有的基础上加入自己的想法,加以改造和完善。

第八章

善于抓住表现的机会

> 机会随时存在于我们的周边，我们也可以为自己去创造机会，只是看你如何去把握这些机会罢了。机会就像自然界的力量一样，永无休止地在为人类、在为社会服务着。

第八章
善于抓住表现的机会

■ 机会掌握在自己手中

机会随时存在于我们的周边，我们也可以为自己去创造机会，只是看你如何去把握这些机会罢了。机会就像自然界的力量一样，永无休止地在为人类、在为社会服务着。从闪电永无休止地袭击森林，到我们用电替人类完成枯燥乏味的，甚至永不可想象的任务；从雨水带来的水灾，到水能给我们解渴、让我们的农作物不会干枯，等等。然而，我们人类也可以从自身开发出许多上天赋予我们的能力。而且这种能力到处都有，重要的是有敏锐的眼光来发现，并且学会如何去把握这些机会。

需求是源于生活的，为了成功我们需要观察生活中世人有何种需求，他们的这种需求也就是我们发展的必须，换句话说，他们的需求就是我们的市场。只有当我们发现了这些市场后，我们才能想尽办法去满足这些需求。对于我们来说，每发现一个需求，就有一个市场由此而生，但是，当机会来到你的面前时，我们需要看到的是你如何去把握这个机会，如何去拥抱这个成功的机会。一项让烟在烟囱中逆行的发明固然精妙无比，但对人类生活毫无用处。华盛顿的专利局里装满了各种构思巧妙、造型别致的装置，但几百件里只有一件对世人有用处。尽管如此，仍有许多人醉心于这类无益的发明，直到家徒四壁。

需求源于生活，成功的机会源于生活。张某是一个很善于观察的人，一开始时，他的生活很贫困，有的时候连饭钱都没有。一次，他

迷茫时，冒险指引你

打算去一家公司应聘，当他怀着激动的心情到达那家公司的大门口时发现，其他去应聘、面试的人大部分皮鞋都是亮得发光的，只有他和少部分的人的皮鞋很旧，很不干净。这个小小的发现，让他想到了："我为什么不在人群很集中的地方摆一个擦皮鞋的小摊子呢？"一个想法，一个成功的机会，想到做到，于是一个来源于生活的机会被他牢牢地抓在手中。此前，他穷困潦倒，但是，就靠这个瞬间的发现，他成了一位富翁。成就大事业的人并非都是财大气粗之辈，"王侯将相，宁有种乎？"第一台轧棉机是在一个小木屋里制造出来的；第一辆汽车是在一座教学楼的工具室里组装完成的；收割机诞生于一间小小的磨坊；爱迪生早年作报童时，就已藏在火车行李车厢内开始了他的试验；非洲一个妇女，在没有电的时候一样能用洗衣机，不仅能把衣服洗得很干净，而且还能很快地把水甩干，原因是她发明了一台不用电的洗衣机，这台洗衣机还能锻炼身体。这些成功者们，都是在生活当中发现机会，并把握机会以至成功的。

我们不可能人人都像牛顿、法拉第、爱迪生那样有伟大的发现，也不可能人人都成为亿万富翁，然而，我们可以抓住平凡的机会并使之不平凡，进而使我们的人生变得更壮丽。我们下面要谈到的海星集团总裁创造的"西部奇迹"，就是在这样的条件下创造的。

海星集团是1988年6月末由荣海和几位同事一起创办的。刚开始，海星集团的名称是"西安海星计算机控制与接口技术研究所"。这个研究所的资金来源于荣海在学校当教师时兼职做工程赚的3万元钱。为了省资金，他们的研究所设在一间车库里，这个车库不足60平米。

就是在这样的环境下，他们得到了长足的进步。他们的第一份合同得来并不容易，是通过无偿给银行修理电器取得好感而换来的。

第八章
善于抓住表现的机会

荣海对于他的成功说："海星的成功是在开办研究所之后的第三年，那年康柏公司代表来到西安，希望委托一家国营计算机公司做代理商，而这家公司迟迟不能决策，康柏最后抱憾而去。机会来了，就要牢牢地抓紧，如果抓不紧，即使千万个机会放在你的面前也会悄悄地流走。为了赢得康柏的代理权，我当即乘飞机追到深圳，并接受了康柏提出的苛刻的代理条件。"

康柏开的条件是苛刻的，海星需要首次启动的资金更是一笔很大的数目，110万美元对于刚起步三年的海星来说太遥远了，可是荣海并没有放弃，也没有把焦虑挂在脸上。为了让员工提起精神来，荣海对他的员工这样说：海星已经成为康柏在西北地区唯一的总代理了，公司可能要在兰州、武汉设立办事处。之所以如此说，是因为荣海知道他的员工现在太需要激励了！

为了首次的110万美元启动资金，荣海找到了银行，并和银行达成了合作，就这样他赢得了康柏的代理权，也赢得了他的成功。经过半年的努力后，荣海把康柏的销售额做到了1300万美元，公司从中盈利800万元人民币。此后，海星成为康柏的金牌代理商。市场的繁荣，康柏的支持，海星人用勤奋和努力实现了企业的原始积累，成为中国IT产业的第一集团。

成功源于机会，成功源于欲望，机会可以把个人的欲望完全地变为结果。可以说没有康柏的出现，也就没有荣海的现在。但是，如果只有康柏，没有那种对成功的欲望和努力奋斗的过程就没有荣海的今天。荣海后来坚持做自有品牌，坚持走多元化发展的道路，这是因为在未来问题上，不做自有品牌就失去了很大的主动性；只做代理品牌，全部的命运掌握在别人手上，一切都是别人说了算。对于荣海来

迷茫时，冒险指引你

说，分分合合，因时而异，而自己也随之悄然壮大。

第八章
善于抓住表现的机会

■ 高调做事，表现自己

在过去，大部分人都不提倡表现，他们认为，沉默的人才是最优秀的人。在这些人眼里，表现就等于是在炫耀自己，这是不谦虚的行为。他们不会理解，"沉默不一定是金"，做人过于低调，会导致失去被别人了解的机会，当没人关注你的时候，即使你有很大才华，也很难得到施展的机会。现如今更是如此，在工作当中一味埋头苦干的人是很难获得发展机会的，而且这样的人最多也只能完成一些不具挑战性的工作，所以他们很少会得到公司的重用。当然，并不是说所有公司已经不再需要工作认真、埋头苦干的员工了，我们所提倡的是，应该做一名既有出色的工作能力，做事认真、肯于奉献，又能充分展示自己的员工。只有这样才能使我们获得更多发展自己的机会。这也是众多公司最为需要的员工。想必很多在公司工作，尤其是大公司工作的员工都有这样的体会：别说是公司的老总，就连经理我们想见一面都是很难的事情。那么，只是一味埋头苦干，是很难得到领导关注的。这就像是一棵苹果树上长满了苹果一样，如果我们是那个极为普通的"苹果"，没有吸引人的颜色，也没有让人眼前一亮的外形，那么，一定很少有人会把手伸向我们，最终随着时间的流逝，我们很有可能同这个苹果一样，腐烂在这棵苹果树的下面。设想一下，假如我们是一个又红又大的"苹果"，那么，只要有人路过这里，他们的手一定会第一个伸向我们，并可以品尝到我们的"甜美"。

迷茫时，冒险指引你

工作也是这个道理，只有努力地表现自己，让自己与众不同，才更容易成就自己辉煌的事业。

在很多公司里，都会出现这样的情况：有些人一向工作很努力，可以说他们为公司发展作出了重要的贡献，可每次升职和加薪的名单上都没有他们的名字，这是为什么呢？原因就是，他们欠缺了努力表现的能力。

两名员工同在一家公司工作，一名员工深知，要想从这个人才济济的公司里获得提升的机会，最应该做的就是努力表现自己。在工作当中，只要是有能体现出自己能力的事，他都会积极地站在最前面。另一名员工虽然也很渴望升职，但有些内向的他，不善于表现自己，明明知道这个任务自己有能力完成，可还是不能勇敢接受。前者通过努力的表现，获得了领导的认可，他的工作岗位一直都在上升。而后者虽然自身拥有着出众的才华，可因为没能努力表现出来，始终都停留在原先的岗位上。

当然，除了努力表现自己之外，我们还应该清楚地了解到，领导对我们的要求是什么。当我们充分了解了领导的要求后，就可以按照他的意图去完成工作，只有明确自己的目的，和领导的想法达成一致，才会收获最满意的结果。

王强是我的朋友，他对老板的要求有良好的判断能力。当时他在一家娱乐性的网站工作，从开始策划网站，到最后网站得以上线，所有的工作都由他一个人完成，而对于业务繁忙的老板来说，把所有事情都交给王强一个人来做，的确是没有太大把握。可事情的结果却出乎老板的意料，对于老板说过的策划网站的目的，以及主要的框架建设，王强都重新根据市场的要求进行了相关的资料搜集，还对同类

第八章
善于抓住表现的机会

型的网站进行了仔细的分析，他不但清楚领会了老板的意图，还在此基础上进行了部分改进。网站做出来后，很受人们关注，点击率也一直都在上升。通过此事，老板对王强刮目相看，他对这个年轻小伙子的能力感到敬佩。当我问王强你是如何得到老板信任并获得尊重的时候，他是这样回答的："其实很简单，老板最想看到的就是公司一直都在发展，而让老板信任我的唯一办法就是为他创造出利润。可大家还要记住一点，就是我们所要完成的任务一定要和老板达成共识，如果我们处处与他作对，不但不会得到他的信任，而且迟早有一天，我们会卷铺盖走人的。可如何才能让我们完成任务的结果与老板的意图达成共识呢？除了具备良好的判断力以外，最有效的方法就是多与老板进行沟通。"

的确，多与老板进行沟通会给我们的工作带来多方面的收益。我们可以找些机会与老板进行面谈，把自己的工作情况向他做出报告，这样不但可以得到领导的意见、了解他们的意图，相信，我们遇到困难的时候，他们也会给予帮助。

当我们清楚了解了老板或上级的意图后，根据他们的想法和要求去进行工作，并努力表现出自己的能力，那么，我们一定会获得一个让大家都很满意的结果。

迷茫时，冒险指引你

■ 不放过表现的时机

表现的确可以让我们获得更多发展的机会，可有很多时候我们在表现自己的时候，没有选择好时机，这样一来不但会使我们无所收获，还很有可能会失去我们原有的一些东西。不适当的表现会让人觉得你是一个过于张扬、骄傲的人。比如说，一名员工在公司总裁视察的时候，刻意表现自己，做出一副对工作极为认真的样子，希望可以引起总裁的注意，得到发展的机会。这样做是完全错误的，你不会得到领导的认可，在他们眼里你很有可能是一个狡猾的人，而且还会引起同事和上级的不满，如果你一直选用这个时机来表现自己的话，相信你身边的人都会放弃和你交往，因为他们觉得你是一个自以为是的人。可如果我们选对了表现的时机，那得到的结果则截然不同。比如说，一名员工在公司遇到困难拿不出良好的解决方案的时候，你积极提出了自己的看法和意见，并把自己所计划的解决方案及时交给了领导，从而帮助公司解决了这次困难，相对前者，这个时机会更加适合表现自己。表现自己当然重要，可我们还应选择好时机。

想要引起别人的注意，最有效的方法的确是表现自己，尤其在这个竞争激烈的职场当中，想要让自己成为领导关注的对象，就必须要表现自己。可这并不是让我们不分时间、场合随意表现。人无完人，任何人都不可能面面俱到，如果你以让自己完美的标准作为奋斗目标的话，你的人生注定会一直疲惫，并且时刻都充满压力。每个人都有

第八章
善于抓住表现的机会

自己的优点，我们千万不要将自己同他人比较，也没必要什么都胜过别人，如果你怀着要压过别人的心理去表现自己的话，那么无论在任何时候，你的表现只能换来别人的反感和记恨，这是最大的失败。

表现不等于表演，正确的表现是建立在我们自身所具备的能力上面的，它需要我们用实力体现出来，而不是以夸张甚至是欺骗的手法去表演自己根本不具备的能力，去得到别人的认可，这种认可即使在短时间内得到了，也经不起时间的检验。

通过介绍，小娟来到了朋友的公司工作。第一天上班她就说自己认识这个公司的领导，和那个公司的总裁很熟，所有事情对她来说，都是那么简单。可在大家眼里，她说的一切都只能当作笑话听，很明显她是在吹牛。

一次领导安排她出差去办事，结果不但没能像她自己所说的那样，而且还把事情搞得一团糟。小娟之前的做法根本就谈不上是在表现，她完全是在炫耀自己，这样的做法，不但不会得到别人的尊重，时间久了还会让大家对她产生反感。

任何人都有表现自己的欲望，就像孔雀喜欢炫耀自己的羽毛一样。可问题是，你是否拥有值得自己表现的能力呢？如果你具备了可以表现的能力，你选对时间了吗？这些都是我们应该注意的。有很多人过于表现自己，让大家感到很不自然，他们无论在谈话还是行动中，始终都在刻意突出自己，恨不得让所有人都知道，自己现在在做什么。他们不会明白，这样做很容易让别人觉得自己是在压制别人。聪明的人在表现自己的时候，既可以突出自己，也不会让别人觉得有被压制的感觉。

表现需要找好时机，一名卓越的员工能够取得良好的成绩、让自

迷茫时，冒险指引你

己不断地升职，是离不开表现的。而且他们可以准确抓住时机，促使自己把潜能充分展示出来，从而得到领导以及同事的认可，扩大发展空间。

第八章
善于抓住表现的机会

■ 机遇是成功的关键

适当地表现自己,会带领着你的欲望得到实现,当你怀着炽热的欲望要去做一件事时,你就开始走上了你的寻梦之路。在这些人看来,梦想不会在冷漠、懒惰或缺乏进取的人心中产生出来。

机遇只偏爱那些"有准备头脑"的人。为什么这么说呢?我们先从"有准备头脑"来说。"有准备头脑"包括很多的内容,而见识和胆略是其中最基本的一项内容。有见识和胆略的人才有可能抓住机遇,而缺乏见识和胆略的人即使机遇频频向他招手,他也经常视而不见,就算看见了也不会抓住。所以我们应该学会当机遇不在时,就要去寻找机遇!善于抓住机遇的人,具有敏锐的目光,机遇一出现,他就立刻出手。因而,机会永远只属于醒着的人,对于那些不够清醒的人来说,只有在回忆中才会发现机会在哪里。对于这样的人,机会永远也不会垂青他们。

在前面我们说过,海星的荣海为了得到康柏的代理权,从西安坐飞机追到深圳,从而得到了成功,荣海的机遇是自己抢来的,也是自己创造的。由此,我们更加能肯定,一个人是否能得到机遇,是否能够得到成功,还取决于个人的心理素质。一般来说,抓住机遇的人都比较注意自我的发展,有较高的成就欲;相反地,那些没有抓住机遇的人,往往是一些缺乏自我发展欲望且没有远大志向的人。此外,能否抓住机遇还在于是否有极强的竞争欲望。机遇总是与人的强烈进取

迷茫时，冒险指引你

心联系在一起的，缺乏与他人竞争的勇气，以弱者自居，不敢与强手较量的人，是抓不住机遇的。

福海集团的罗忠福也同样是一位善于抓住机遇的人，是一位永远醒着的人。

罗忠福1968年底被分配到贵州极为偏远的大山中，那年他仅17岁。那里的贫穷是无法用言语形容的，为了喝水要跑几十里山路。有的时候一个月都吃不上一口粮食，只靠仅有的瓜菜充饥。每个人都有选择自己命运的机会，罗忠福他并不怕苦，但是他却不甘心自己永远被埋没在大山里，为了自己，他要抗争，要扭转自己的命运，要为自己争出一个新的世界。

那一年，是罗忠福改变命运的一年。那时候，省城一位记者来大山采访知青生活，罗忠福知道自己的命运将会得到转机，于是他投机取巧地做了一件事。罗忠福用当时仅有的10元钱，买了一桶红漆，他算好了记者到来的时间，于是用粗绳捆好自己，把自己从一处高崖上往下坠，在那高崖崖壁上写了5个鲜红的大字：毛主席万岁。

这一伟大的壮举，正好被路过此地的省报记者看到并拍下来，于是，罗忠福出了名，成为先进典型。

罗忠福这一举动无论在任何时代看来都是一种投机行为，似乎是一种荒唐的投机。然而，正是这种投机才使他与众不同。

正是因为他总是比别人会抓住机遇，所以他比别人更早脱颖而出。也正是由于罗忠福能掌握大势，找准机会，善于捕捉，所以他才能获得成功。

从某种意义上说，机遇是实力、是准备、是需要！可能碰撞只是刹那之间！这样来看，令人捉摸不定的机遇其实并非毫无规律可言，

第八章
善于抓住表现的机会

善于把握机遇也并非富豪们与生俱来的能力，而是他们的一种财富品质。

我的好友张某说："现实社会中，每个人都有很多机会，尤其是现在的年轻人。机会多，但是不代表他们成功的机会多，机会有了，还要看他们能不能抓得住。"

这些年轻人在他们成就这种机会的过程中，一定会有这样或那样的阶段，包括曲曲折折、成成败败。健康的年轻人应该能够把机会实现，把它有效地装在自己的生命历程中。现在的年轻人，追求欲望、实现欲望的心态很强烈，尤其是占有欲望大过他实际的创造，这很可能使年轻人在个人品质塑造与社会发展整体需要方面发生脱节。

所以，我认为这些年轻人有必要注意下面三个方面的培养。

第一，要拥有"得亦淡然，失亦淡然"的心态。当面对这些机会时，不能简单地以既得利益的心态或一时成败的心态来对待这种机会；

第二，学会尊重财富。现在有很多的年轻人在这方面的意识都很薄弱，所以，建议这些年轻人学会尊重财富，并且健康地去认识它；

第三，健康的社会是一个法治的社会，这个社会要靠每一个人尤其是年轻人来维护和遵守，而不是怎样去躲避它，或者怎么样去钻法律的空子。所以，年轻人在个人的行为方面，要学会用法律准则来要求自己。

年轻人需要培养这三个方面的素质，那么，作为一个企业的最高领导者更要如此。作为企业的最高领导，你代表的是你的企业和你企业下的所有员工。所以，你需要研究企业如何生存的问题，要随着信息时代的变化和要求来改进企业，要有"攻"的精神和很强的进取

迷茫时，冒险指引你

心，还要敢于冒风险。毕竟在机遇与风险的挑战面前，有准备的头脑从不放弃搏击的机会。我们要知道，机遇是挑战，在商场上，机遇更是一种决定成败的关键因素。

第八章
善于抓住表现的机会

■ 敢于表现自己，才有更多机会

一个敢于表现自己的人，可以让自己得到更多发展机会。这些人把自己的能力毫无保留地展示出来，他们希望每个人都可以看到自己在努力、认真地工作。这些人的做法非常聪明，相比那些不善于表现自己的人，这些人更吸引人们的注意，当人们开始关注他们的时候，他们自身的能力就会被大家发现，在有人需要这方面人才的时候，第一个想到的一定会是那些积极表现自己的人。相反，一个不善于表现自己，把自己的优点一直埋藏下去的人，即使能力再高也不容易被别人发现，这些人获得发展的机会要远远少于那些敢于表现自己的人。"是金子迟早会发光的"这句话从某种程度上来讲并不是完全正确的，首先你应该让别人知道你是"金子"，这样你才会更加灿烂地发出光芒。如果你不能表现出自己的价值，相信很少有人会主动发现你。俗话说"世有伯乐，然后有千里马"，由此可见，即使一匹马有日行千里的能力，如果没能被伯乐发现，没有在众人面前展示自己的机会，也只能和其他马匹一样，拉着沉重的货物行走在田间。

同样，如果你没能被人发现，即使你有再强的能力也难以得到展示的机会，而让别人发现自己能力的最有效方法，就是充分、勇敢地表现自己。

一所高校毕业的两名学生都具备很强的能力，在学校就读时期，都取得过骄人的成绩。可在步入社会、参加工作以后，两个人所取得

迷茫时，冒险指引你

的成绩则有很大区别。其中一位用很短的时间就从一个普通的小员工做到了部门经理，而另一位却始终都停留在最开始的位置。其实后者并不是不具备升职的条件，以他的工作能力，和前者一样胜任部门经理是完全没有问题的，可为什么他却没做到呢？原因很简单，因为他缺乏表现能力。有些内向的他，做任何事都特别低调，虽然可以完成自己的工作，可领导并没有从他身上看到升职的渴望，他也从来都不表现自己。前者之所以能取得今天这样的成绩，是因为他除了一直出色完成自己的本职工作以外，还在其他很多方面都表现出了自己具有的能力，领导发现了他的能力，并觉得他可以胜任这份工作，机会一到，他自然也就升职了。

很多人都这样认为，他们觉得那些取得成功的人之所以有今天的成就，完全是因为他们抓住了难得的机会，而自己没能取得成功，就在于这样千载难逢的机会并没有出现在自己的身边。其实事实并非如此，如今这个社会是公平的，每个人都会获得成功的机会，而能否抓住机会就在于你是否积极表现自己。那些没能取得成功的人，大部分是因为在表现方面的欠缺，导致自己失去了很多可以取得成功的机会。

当然，可以充分表现自己的前提是你要具备应有的能力，如果你根本就不具备成功的能力，那么无论你怎么表现都无济于事，这样还会浪费掉很多时间。与其这样还不如把时间放在学习上。